大国重器的奋进之路，
是中国电力迈向世界的赶超之路，
是点亮人民美好生活的奉献之路。

走近大国重器
见证奋进电力

电力行业重大技术装备及工程名录

中国电力企业联合会◎编

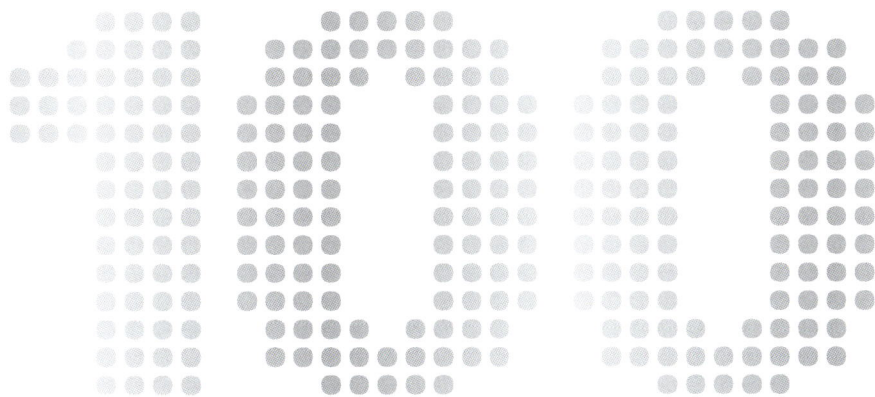

中国电力出版社
CHINA ELECTRIC POWER PRESS

图书在版编目（CIP）数据

走近大国重器　见证奋进电力：电力行业重大技术装备及工程名录 / 中国电力企业联合会编. -- 北京：中国电力出版社，2024．7．-- ISBN 978-7-5198-9101-5

Ⅰ．TM

中国国家版本馆 CIP 数据核字第 2024V86X98 号

出版发行：中国电力出版社
地　　址：北京市东城区北京站西街 19 号（邮政编码 100005）
网　　址：http://www.cepp.sgcc.com.cn
责任编辑：王　倩（010-63412607）
责任校对：黄　蓓　朱丽芳　常燕昆
装帧设计：锋尚设计
责任印制：杨晓东

印　　刷：北京华联印刷有限公司
版　　次：2024 年 7 月第一版
印　　次：2024 年 7 月北京第一次印刷
开　　本：889 毫米 ×1194 毫米　12 开本
印　　张：17.5
字　　数：389 千字
定　　价：328.00 元

前言
Preface

大国重器，国之荣光。

在中华民族伟大复兴的壮阔征程中，电力行业作为支撑实现中国式现代化的关键领域，承载着推动社会进步、提升民生福祉的重任。

2024年1月31日，习近平总书记在中共中央政治局第十一次集体学习时强调，高质量发展需要新的生产力理论来指导，而新质生产力已经在实践中形成，并展示出对高质量发展的强劲推动力、支撑力。

科技创新是发展新质生产力的核心力量。它能够重塑生产力基本要素，催生新产业、新模式、新动能。作为保障社会经济发展、提高人民生活水平的基础产业，电力科技与装备的创新发展在中国式现代化建设的大局中地位重要、作用突出。

党的十八大以来，我国电力行业大力推进技术革命，自主创新能力和重大装备国产化水平显著提升，逐步实现了从跟跑、并跑到领跑的伟大跨越，一大批大国重器相继亮相，彰显了无穷魅力。

从超超临界燃煤发电机组世界领先，到以百万千瓦水电机组为代表的高端装备制造实现重大突破，从"三代""四代"核电进入世界前列，到特高压输电引领和推动世界电网技术发展……

这些成就的取得，不仅为我国能源安全提供了坚实保障，更为全球电力工业的发展进步贡献了"中国智慧"和"中国方案"。

今年是中华人民共和国成立 75 周年，也是习近平总书记提出"四个革命、一个合作"能源安全新战略十周年。站在这一历史交汇点上，我们特别策划并出版了《走近大国重器 见证奋进电力——电力行业重大技术装备及工程名录》，旨在集中展现中国电力行业培育新质生产力的积极探索和胸怀"国之大者"的担当作为，见证锻造大国重器、服务国家大局、推动高水平科技自立自强的电力奋进之路。这是对我国电力工业辉煌成就的深情回望，更是对未来电力发展之路的殷切展望。

让我们，共同见证大国重器背后的"电力力量"。

编者

2024年7月

目录
Contents

三峡水利枢纽工程

三峡水利枢纽工程于1994年12月14日正式开工，2020年11月完成整体竣工验收。三峡水利枢纽工程为Ⅰ等工程，由拦河大坝、电站建筑物、通航建筑物、茅坪溪防护工程等组成。拦河大坝为混凝土重力坝，坝轴线全长2309.5米，坝顶高程185米。水库正常蓄水位175米，相应库容393亿米^3；汛期防洪限制水位145米，防洪库容221.5亿米^3。三峡水利枢纽工程混凝土工程总量达2800万米^3，其中大坝混凝土浇筑量达1600万米^3，高峰施工强度需要一年浇筑混凝土逾500万米^3，采用以塔带机连续浇筑为主，门塔机、缆索起重机浇筑为辅，计算机全过程监控的混凝土快速施工新技术。中国长江三峡集团有限公司联合哈尔滨电气集团有限公司、中国东方电气集团有限公司等国内企业牵头开展科技攻关，掌握了70万千瓦机组整体设计与制造的核心技术，三峡水利枢纽工程右岸机组研制时，又掌握了发电机全空冷等具有自主知识产权的核心技术。三峡水利枢纽工程获得20余项国家科技奖项，200余项省部级科技奖励和700余项专利，制定了100多项工程质量和技术方面的标准，在防洪、发电、航运、水资源利用和生态环境保护方面取得了巨大的综合效益。

▌报送单位：中国三峡集团长江电力三峡水力发电厂

1	
2	
3	

1　三峡水力发电厂内景

2　三峡水利枢纽工程泄洪实景

3　三峡水利枢纽工程全景

"华龙一号"示范项目
福清核电站5号、6号机组

"华龙一号"是中国核工业集团有限公司研发的具有完全自主知识产权的三代压水堆核电创新成果，技术指标达到国际先进水平。"华龙一号"示范项目中核集团福清核电站5号、6号机组分别于2015年5月和2015年12月正式开工建设，2021年1月30日和2022年3月25日投入商业运行，投产后均保持安全稳定高效运行，能力因子和负荷因子优异，充分验证了工程建设质量和"华龙一号"技术的安全性、可靠性。其技术特征包括：单堆布置、堆芯177组燃料组件、60年设计寿命、抗商用大飞机撞击、18个月换料周期、安全停堆地震加速度0.3克、内置换料水箱等，同时创新性采用了"能动加非能动"相结合的安全系统、双层安全壳等技术，具备完善的严重事故预防和缓解措施，抗震等级为9级，安全性能满足国际最高安全标准。"华龙一号"建立了我国首个自主三代核电型号标准体系，构建了型号完整的自主知识产权，提升了我国核电标准化程度和国际话语权。该标准体系已广泛应用于后续工程，助力实现中国核电"走出去"的战略目标。

▌报送单位：福建福清核电有限公司

2	
1	3

1 福清核电站5号、6号机组
2 "华龙一号"示范项目外景
3 福清核电站1~6号机组全景

国产化大型电力系统电磁暂态仿真技术及平台

国产化大型电力系统电磁暂态仿真技术及平台是保障能源安全和绿色转型的"国之重器"。随着具有随机性、波动性特点的新能源装机快速增长，亟需对超大型电力系统进行全天候"体检"。国家电网有限公司自主研发了国产化大型电力系统电磁暂态仿真技术及平台，提出了超大型电力系统全电磁暂态分析理论，发明了系统无损解耦计算分析等关键技术，国际首次将大型电力系统分析的时间尺度由毫秒级精细至微秒级，对系统安全稳定特性的扫描精度由"X光"升级为"CT"，填补了新能源高占比电力系统特性精准刻画的国际技术空白，引领了电力系统分析技术的跨越发展。该成果分析能力达国际最先进水平7倍以上、分析精度达32倍以上，关键技术指标创造了5项世界第一，制定了9项国家标准、73项发明专利等自主知识产权。成果有效支撑了白鹤滩—江苏多端直流、藏东南清洁能源送出等重大工程论证和建设，实现了电力工业基础软件的"中国创造""中国引领"。

▌报送单位：中国电力科学研究院有限公司

1-3 科研人员利用国产化大型电力系统电磁暂态
仿真平台开展电网仿真计算工作

乌东德电站送电广东广西特高压多端直流示范工程

乌东德电站送电广东广西特高压多端直流示范工程采用特高压三端混合直流方案，额定电压±800千伏，额定输送容量800万千瓦。新建云南昆北换流站、广西柳北换流站、广东龙门换流站，直流线路途经云南、贵州、广西、广东四省（自治区），全长1452千米。该工程投产后连续满负荷、大功率常态化运行，截至2024年3月31日，已安全稳定运行1038天，累计送电743.5亿千瓦·时，减少煤炭消耗2141万吨，减少二氧化碳排放量约5696万吨。该工程是落实"西电东送"战略、推动能源清洁低碳转型发展的世界级输电工程，是世界首个电压等级最高、容量最大的特高压多端直流输电工程。该工程将柔性直流电压提升至±800千伏，实现了柔性直流与传统直流混合稳定运行，掌握了全、半桥模块比例最优配置方法，解决了柔性直流固有的谐振、柔直阀黑模块造成直流闭锁等世界级技术难题，形成了完整设备选型方案，创造19项世界第一，率先建立了系统全面的特高压多端混合柔性直流技术知识产权体系，带动了国内高端输变电设备研发及制造水平提升，增强了电工装备业竞争力，扩大了我国在特高压直流输电领域的领先优势。

❙ 报送单位：中国南方电网有限责任公司超高压输电公司

1 特高压柔性直流换流阀
2 柳北换流站全景
3 特高压多端直流示范工程实景线路实景
4 昆北换流站全景

第四代核电站核岛主设备

上海第一机床厂有限公司是上海电气集团股份有限公司下属企业，是我国首批核电主设备专业制造单位之一，先后承担了国家"863"计划、国家科技重大专项等多项科研攻关项目，完成了二代、三代、四代核电包含CPR1000、EPR、"国和一号"、AP1000、"华龙一号"、快中子增殖堆、高温气冷堆、聚变堆等全技术路线堆型的核岛主设备研发，数十年来设备质量、市场、技术等位列行业领先地位。在第四代核电站核岛主设备研发过程中，上海第一机床厂有限公司聚焦国家战略，自主完成了堆芯部件耐高温曲面激光焊接技术、高精度孔系精密对中检测装配、耐高温不锈钢表面处理技术、热成型等关键技术开发，达到了国际先进水平，实现了示范快堆堆芯支承及换料系统、高温气冷堆主设备等全国首台四代堆型主设备的关键制造技术研发，填补了国内空白。同时开展各类供热等特殊用途先进核能系统、小型化核能综合利用系统及核能后端处理系统的技术攻关。突破了聚变堆（大型托克马克装置"人造太阳"）主机系统制造技术，已完成大厚度（≥260毫米）无磁耐低温不锈钢激光焊接技术、超大型锻件精密加工及装配等技术的开发，属于国内外首次研发应用，填补了国内外空白，处于国际领先水平。国内首次完成了某聚变堆堆芯关键装备的样机研发工作，正在开展真空室、TF线圈盒等主机系统关键技术攻关。

▍报送单位：上海第一机床厂有限公司

1	2		
	3	4	5

1　秦山核电站300兆瓦核电堆内构件
2　国产AP1000三门核电站2号机组堆内构件
3　上海第一机床厂有限公司为巴基斯坦制造的首台300兆瓦核电堆内构件
4　HTR-PM金属堆内构件
5　1000兆瓦核电堆内构件

担当、诚信、透明、公开，打造受行业尊敬的核电设备制造企业

上海第一机床厂有限公司
中国首台国产AP1000三门2号机组堆内构件

SM

白鹤滩水电站

白鹤滩水电站于2010年10月开始筹建，2017年8月主体工程全面开工建设，2021年4月水库下闸蓄水，2021年6月28日首批机组投产发电。习近平总书记在白鹤滩水电站首批机组投产发电之际致信祝贺，指出白鹤滩水电站是实施"西电东送"的国家重大工程，是当今世界在建规模最大、技术难度最高的水电工程。2022年10月，白鹤滩水电站首次蓄水至正常蓄水位，2022年12月20日机组全部投产发电，标志着世界最大清洁能源走廊全面建成。截至2024年3月，白鹤滩水电站累计发电超1200亿千瓦·时，为江苏、浙江等华东地区经济发展提供了源源不断的动力，并相当于减少标准煤消耗量约3608万吨，减少二氧化碳排放量约9888万吨。白鹤滩水电站是当今世界建设难度最大的水电工程，主要技术指标创下六项世界第一，代表了当今世界水电技术发展的最高水平，其拥有的16台单机容量100万千瓦的水轮发电机组是全球单机容量最大的水电机组，实现了我国高端装备制造的重大突破。

▌ 报送单位：中国三峡集团长江电力白鹤滩水力发电厂

| 1 | 2 | 3 |

1 白鹤滩水电站近景
2、3 白鹤滩水电站全景

苏通GIL综合管廊工程

苏通GIL综合管廊工程位于江苏省南通市和常熟市交界，起于北岸（南通）引接站，止于南岸（苏州）引接站，于2019年9月正式投运。该工程是世界上电压等级最高、输送容量最大、输电距离最长的特高压气体绝缘金属封闭输电线路。该工程是"国家大气污染防治行动计划"重点输电通道的重要组成部分，开创性采用了"紧凑型特高压GIL+大直径长距离水下隧道"穿越长江，江底"埋线"长达5.5千米，总投资47.63亿元。该工程是我国在特高压交流输电领域取得的又一重大技术成果，促成皖电东送淮南—南京—上海1000千伏特高压交流输变电工程与淮南—浙北—上海1000千伏特高压交流输变电工程一道，形成了贯穿皖、苏、浙、沪负荷中心的长达4000千米的华东区域交流环网。这也是世界上首个特高压交流双环网，对支撑区域电力供应、改善能源供给侧结构，促进地区经济、环境、社会可持续发展有着重要意义。

▌报送单位：国网江苏省电力有限公司

1	
2	4
3	

1　苏通GIL综合管廊工程
2　国网江苏电力超高压公司巡检苏通GIL综合管廊工程
3　稳定运行的苏通GIL管廊工程
4　苏通GIL综合管廊工程年度检修

GIL安装起始点

管廊内GIL单回长5468米
六相总长32.8千米
本段为GIL隔离单元
也是GIL安装的起始点

N6
1393

江北工作井

长江大堤

张北柔性直流电网试验示范工程

张北柔性直流电网试验示范工程于2018年2月开工建设，2020年6月竣工投产，新建张北、康保、丰宁、北京4座换流站及±500千伏直流输电线路666千米。该工程是国家电网有限公司贯彻落实"四个革命、一个合作"能源安全新战略的重大标志性工程，是世界首个柔性直流电网工程，是中国原创、领先国际的重大技术创新，是电力发展"十三五"规划的重点电网工程和重大创新工程。该工程开辟了新能源大规模送出的新路径，通过自主攻关，首次构建直流电网，突破了柔性直流组网、容量提升与可靠性提升三大技术难题，创造了12项世界第一。该工程显著提升了张北地区新能源外送能力，全面提高了京津冀地区绿色电能比例，为破解新能源大规模开发和消纳的世界级难题提供了"中国方案"。

▌报送单位：国网冀北电力有限公司

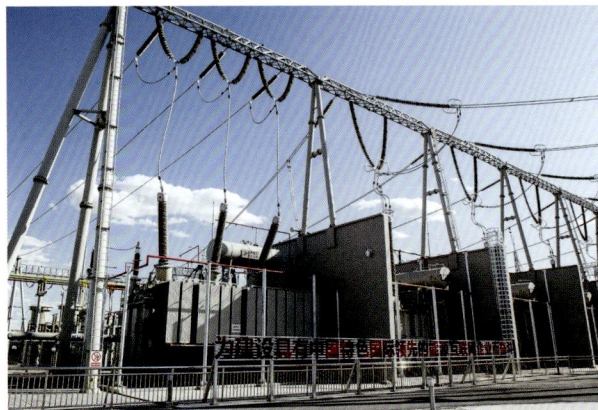

| 1 | | 3 |
| 2 | | |

1 张北柔直工程中都换流站全景
2 张北柔直工程中都换流站投运
3 张北柔直工程换流阀安装现场

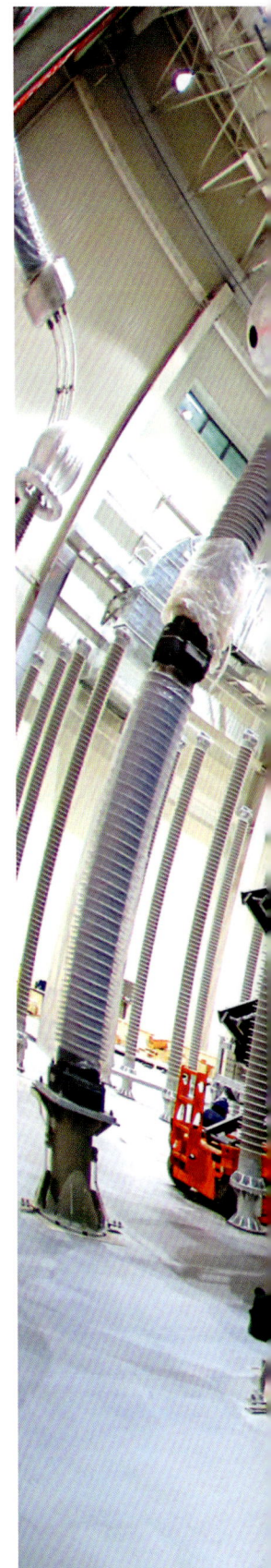

走近大国重器　见证奋进电力
电力行业重大技术装备及工程名录

"华龙一号"示范项目
防城港核电站3号机组

"华龙一号"是在我国核电设计、建设、运营及研发所积累的经验、技术和人才基础上研发的具有自主知识产权的三代百万千瓦级核电技术项目。"华龙一号"示范项目防城港核电站3号机组首次创立了中广核"华龙一号"核电技术品牌，实现了中广核自主三代核电技术从"0"到"1"的历史性跨越。创新堆芯及核设计，采用177组件及18个月换料设计，在比CPR1000堆功率提高8.8%的同时，平均线功率密度降低了3.5%，提升了机组的经济性和安全性；自主开发了三代核电领先的反应堆结构，首次开发具有卓越性能的超均匀堆芯流量分配结构，关键性能指标国际领先，反应堆设备国产化率100%；提出"三个能动安全系列+非能动"的配置方案，配置了多样化的前沿系统及其支持系统，具有强大的事故应对能力，安全性指标达到国际一流水平；国内首次开发高精度一体化的大型多维度耦合验证先进平台技术，制订全新的首堆试验方案和完备的调试试验方案，实现了首堆调试启动非计划跳机、非计划跳堆"双零"的卓越指标。"华龙一号"促进了我国三代核电的发展，在国内形成了批量化建设局面，提升了我国三代核电关键设备成套制造技术能力。

▌报送单位：中广核工程有限公司

1-3 中广核广西防城港核电站3号机组实景

±1100千伏特高压换流变压器

±1100千伏特高压换流变压器长33米、宽12米、高18.5米，单台容量达607500千伏·安。该变压器具有高可靠性、低损耗、噪声低、抗短路能力强、节约占地与线路走廊等特点，创新采用出线装置套管水平对装后，整体装配工艺，可以保证套管插接的稳定性、可靠性，解决了端部绝缘水平高与散热需要大油道的矛盾，攻克了由于电压升高而带来的电场强度集中、交直流复合场带来的相关漏磁严重与涡流损耗、大容量下的金属结构件局部过热、直流偏磁条件下的整体器身振动噪声等制约±1100千伏工程核心装备研制的瓶颈与技术难点，填补了多项特高压领域世界性技术空白，实现了世界首台（套）高端装备的研发与工程应用，提升了电力系统的可靠性和经济性，大幅提高电源送出通道的输送效率，对于保障国家能源安全、促进大型能源基地集约开发、节约工程投资与土地资源，以及改善生态环境、推动节能减排具有重要意义。该变压器已成功应用于世界上电压等级最高、输送容量最大、输送距离最远、技术水平最先进的昌吉—古泉±1100千伏特高压直流输电工程。

▋ 报送单位：特变电工股份有限公司

发送端±1100千伏高压直流换流变压器

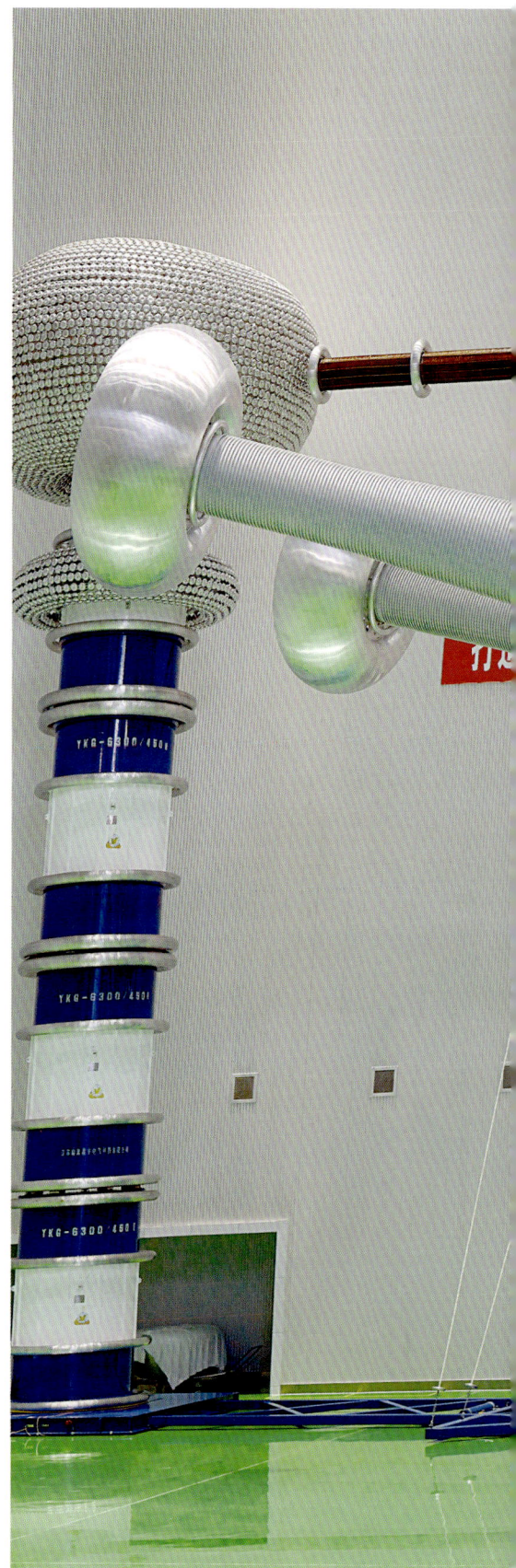

热烈祝贺世界首个 ± 1100kV昌吉-古泉特高压直流输电工程
世界首台发送端 ± 1100kV换流变压器在特变电工试制成功！

柔性直流换流器关键技术

柔性直流输电是构建新型电力系统、实现能源低碳转型的战略性关键技术，其中换流器是突破电压容量的关键。国网智能电网研究院有限公司历时十余年攻关，解决了数千功率模块交直流变换过程能量重构、换流器随机投切过程动态多物理场调控、海量复杂状态高速精准控制保护等世界级科学难题，开辟了一条全新的技术路线，突破了柔性直流高压大容量发展的技术瓶颈，推动了柔性直流技术大发展和广泛应用，实现了我国柔性直流技术的"从无到有"与"换道超车"。运用该技术，建成了亚洲首个柔性直流输电工程，研制出世界首个千兆瓦柔性直流换流器，综合技术指标国际领先。项目产品推广应用于福建厦门、张北直流电网等10余项世界级重大工程。2022年中标±320千伏/1030兆瓦德国BorWin6海上风电柔性直流输电工程，实现我国高端电力装备首次进入发达国家，对深化中欧绿色能源合作具有重要意义。累计获得直接经济效益105亿元，创汇2.95亿欧元，开创了我国千亿级柔性直流战略新兴产业。

▌报送单位：国网智能电网研究院有限公司

1　上海南汇风电场柔性直流输电工程现场
2　厦门柔性直流工程换流阀阀厅
3　渝鄂直流背靠背联网工程换流阀阀厅
4　张北柔性直流电网试验示范工程延庆站阀厅

1	4
2	
3	

白鹤滩水电站工程建设

白鹤滩水电站大坝是世界综合设计建设难度最大的拱坝。基于对复杂坝基处理技术的研究，中国电建集团华东勘测设计研究院有限公司掌握了玄武岩岩体力学特性和松弛演化规律，制定了"厚层保护、灌浆固结、深层锚固、精准爆破"开挖保护措施体系，研发了柱状节理玄武岩筑坝技术，保证了特高拱坝安全。同时，应用特高拱坝设计创新成果，为复杂条件下特高拱坝建设提供了坚实技术支撑。作为首座全坝采用低热水泥和灰岩骨料的特高拱坝，白鹤滩水电站全坝没有出现一条温度裂缝，打破了"无坝不裂"之说。白鹤滩水电站场址地震基本烈度高，拱坝设计地震动参数居300米特高拱坝之首，工程防震抗震研究和创新成果有效地提高了大坝抗震能力。该工程采用坝身设置6个无齿坎大差动表孔、7个不同挑角深孔、分层多股水流空中碰撞、水垫塘消能和岸边设置3条泄洪洞的泄洪消能方案，三套泄洪设施运用灵活、互为备用。该工程每年可提供约624亿千瓦·时的优质电力，替代火电节约标准煤约1968万吨，减少二氧化碳等废气排放约5200万吨。

▎报送单位：中国电建集团华东勘测设计研究院有限公司

1 白鹤滩水电站泄洪
3
2 白鹤滩水电站全景
1 **2**
3 白鹤滩水电站大坝夜景

16兆瓦超大容量海上风电机组

中国长江三峡集团有限公司联合金风科技股份有限公司，于2022年11月成功下线了全球首台16兆瓦超大容量海上风电机组。叶轮直径252米，轮毂高度达152米，是当时全球范围内单机容量最高、叶轮直径最大、单位兆瓦质量最轻的风电机组，在大型主轴轴承、超长轻量化叶片等关键核心部件的研发制造方面取得了重要技术突破。机组运行状态监测的数字化水平高，能够针对台风等恶劣天气智能调整运行模式，确保风机安全和高效发电。该机组突破高精度主轴承国产化、超长柔叶片轻量化、超紧凑高功率密度传动链等一系列关键技术，具有完全自主知识产权，标志着我国海上风电大容量机组在自主研发设计能力、高端装备制造能力上实现重要突破，达到国际领先水平，实现了16兆瓦超大容量海上风电机组核心技术研发、关键装备研制、运行示范一体化实施，以及大容量海上风电机组核心技术与产业化技术国际引领，全面突破超大容量海上风电关键技术及"卡脖子"问题。16兆瓦超大容量海上风电机组的研制与工程应用，有助于进一步提高我国海上风电产业技术创新，带动全产业链升级。

▌报送单位：中国三峡集团福建分公司、金风科技股份有限公司

1 16兆瓦机组超长叶片单叶片吊装
2 16兆瓦机组超大尺寸塔筒吊装
3 16兆瓦海上风电机组
4 16兆瓦机组安装完成

昌吉—古泉±1100千伏
特高压直流输电工程

昌吉—古泉±1100千伏特高压直流输电工程是我国自主设计建设的首个±1100千伏特高压工程，额定输送功率12000兆瓦，额定直流电压±1100千伏，额定直流电流5455安。工程起于新疆昌吉回族自治州昌吉换流站，止于安徽宣城市古泉换流站，途经新疆、甘肃、宁夏、陕西、河南、安徽六省（自治区），线路全长3293千米，被誉为"电力珠峰"。该工程于2016年3月开工，2019年9月26日正式投入运行。该工程创造了4个世界之最：±1100千伏，最高的电压等级；3293千米，最远的输电距离；1200万千瓦，最大的输送容量；多项电力技术首次应用，最先进的技术水平。由于在世界范围内没有可借鉴的经验，工程建设从工程设计、理论研究、装备研发、施工建造等多方面同步发力，不断探索全新领域。工程的成功建设运行，将现代高压直流输电技术的经济输电距离从2000千米提升至3000～5000千米，输电距离达到±800千伏工程的两倍，占领了国际高压输电技术的制高点，不仅是国家电网有限公司在特高压领域的创举，更是世界电力发展史上的里程碑。

▌报送单位：国网新疆电力有限公司、国网安徽电力有限公司

±1100千伏昌吉换流站全景

走近大国重器　见证奋进电力
电力行业重大技术装备及工程名录

溪洛渡水电站工程建设

溪洛渡水电站工程具有窄河谷、高拱坝、巨泄量、多机组、大洞群、高边坡、高抗震等特点。拱坝设计首创了以岩级为基础，安全为准则，分坝高区段合理利用弱风化岩体的300米级高拱坝建基面确定原则；提出了多方法、多目标、多手段的特高拱坝最优体形设计，创建了国际领先的300米级特高混凝土拱坝安全控制的3k理论方法与评价体系；成功应用"玄武岩粗骨料+灰岩细骨料"的大坝混凝土组合骨料和掺改性PVA纤维等提高抗裂能力的综合技术，混凝土浇筑后按"三期九阶段"、竖向浇筑块"五区协调"和智能控温的系统温控技术。首次提出了大型地下洞室群围岩稳定分析与评价的量化标准，丰富了施工期快速监测反馈与围岩稳定评价体系，并成功践行了"设计→施工→监测→反馈→预测→设计变更→指导施工"动态反馈的设计思想。研究并创新性提出了深厚覆盖层竖井井口锁固、正井法边挖边衬的开挖与衬砌施工、竖井内部结构与井壁二期混凝土衬砌结合、加强排水与井壁固稳等综合技术，解决了水电工程在巨厚覆盖层复杂地质条件下超深竖井结构的设计与施工关键技术问题。

▍报送单位：中国电建集团成都勘测设计研究院有限公司

| 1、2、4 | 溪洛渡水电站大坝泄洪实景 |
| 3 | 溪洛渡水电站大坝实景 |

1 | 2 | 3   4

巴西美丽山±800千伏特高压直流输电项目

巴西美丽山±800千伏特高压直流输电项目是巴西电网南北互联互通的主通道，它将巴西北部亚马孙流域的清洁水电"远距离、大容量、低损耗"源源不断输送到东南部负荷中心。该项目是大型投建营一体化项目，是整个美洲电压等级最高、技术最先进的国家级骨干输电项目，项目累计已输送清洁水电1800亿千瓦·时，相当于节省6500万吨标准煤、减少二氧化碳排放1.8亿吨。该项目满足了巴西超过2200万人的用电需求，实现中国特高压"走出去"，被誉为"巴西电力高速公路"。该项目的建成推动了巴西电力工业由此迈入特高压时代，显著提高了巴西清洁能源配置水平和经济社会发展能力，为实现巴西电力能源安全稳定供应贡献了"中国方案"。同时，该项目助力提升我国装备企业全球竞争力，有力推动了我国电力制造工业转型升级，实现了"投资、建设、运营"和"技术、装备、标准"两个一体化全产业链、全价值链协同"走出去"。

▌报送单位：国网国际发展有限公司

巴西美丽山特高压直流输电一期项目伊斯特雷都换流站

石岛湾高温气冷堆核电站示范工程

石岛湾高温气冷堆核电站示范工程是全球首座球床模块式高温气冷堆，也是我国具有自主知识产权的第四代核电项目，于2012年年底在山东荣成开工建设，2021年12月首次并网发电，2022年12月实现双堆初始满功率运行，2023年12月6日正式商运投产，成为世界首个商业运营的四代核电机组。该工程具有固有安全性、系统简单、发电效率高、用途广泛等特点，在发电、制氢、热电冷联产及高温工艺热应用等领域应用前景广阔，为推动煤电退役替代、推广内陆核电发展提供了更加出色的技术方案。该工程的建成，标志着我国在四代核能研发应用领域达到世界领先水平，对推动我国实现高水平科技自立自强、建设能源强国具有重大意义。截至2024年3月底，该工程累计输出绿色电能6.42亿千瓦·时，预计每年可减少二氧化碳排放440万吨。2024年3月27日，该工程核能综合利用并网成功，标志着四代核能供热系统正式并入市政供热管网，首次实现向城镇居民供暖，覆盖供暖面积19万米^2，可满足驻地附近1850户居民的清洁取暖需求。每个供暖季预计可替代燃煤3700吨，减少二氧化碳排放6700吨，为建设精致、零碳、幸福城市建设贡献力量。

	2	
1	3	4

1 石岛湾高温气冷堆核电站示范工程外景
2 石岛湾高温气冷堆核电站示范工程首台蒸汽发生器吊装
3 石岛湾高温气冷堆核电站示范工程首批核燃料装入反应堆
4 石岛湾高温气冷堆核电站示范工程首台压力容器吊装

▌报送单位：中国华能集团有限公司

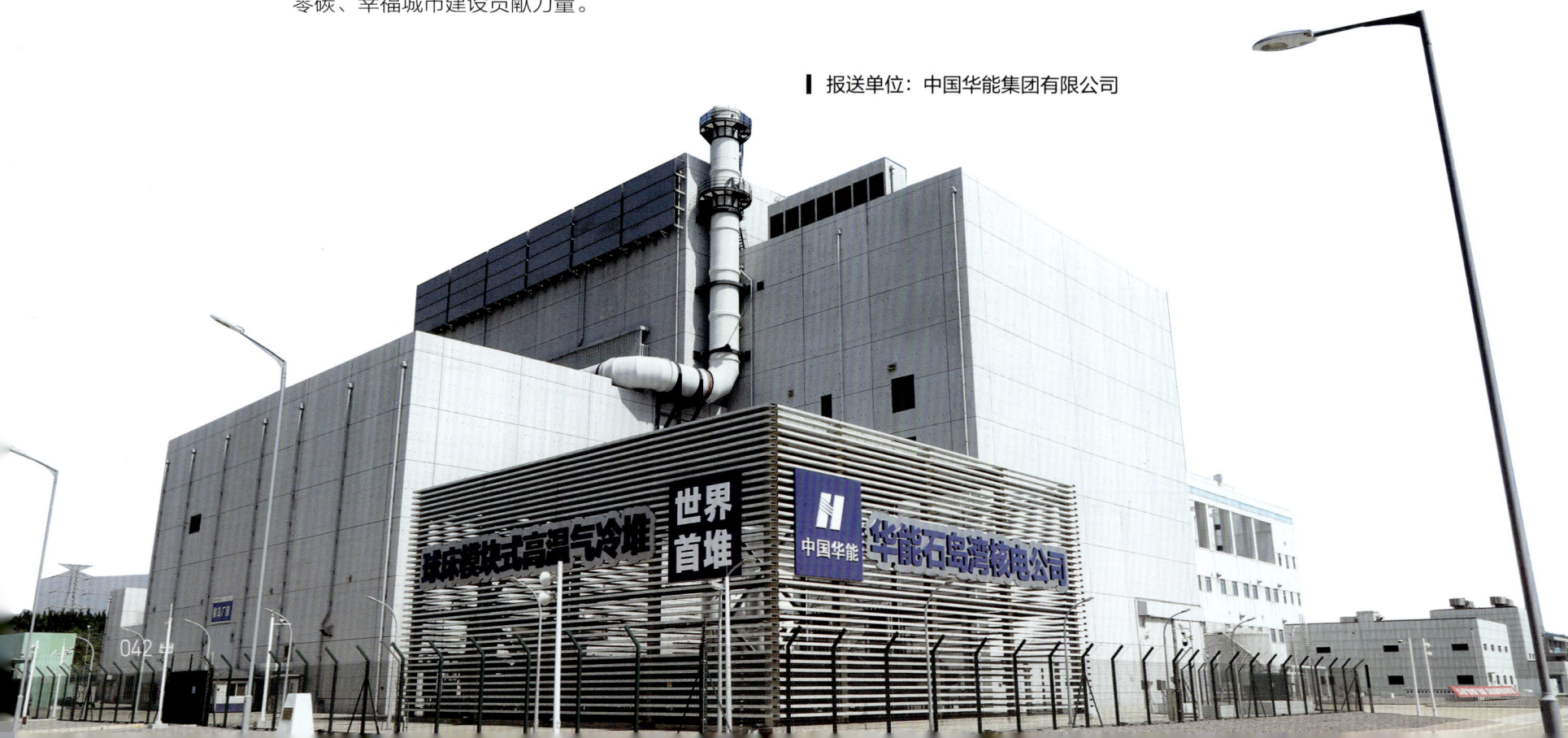

"国和一号"示范工程

"国和一号"示范工程是我国16个科技重大专项之一，是在引进、消化、吸收世界第三代先进核电技术的基础上，通过自主创新开发而成，是具有完全自主知识产权、功率更大、安全指标更高的非能动大型先进压水堆核电机组。"国和一号"示范工程一期工程规划建设两台"国和一号"核电机组，单机组发电功率153.4万千瓦，设计寿命60年，换料周期18～24个月，单机组年发电量可以满足2200万户居民的年用电需求。"国和一号"示范工程的设备国产化率已达到90%以上，主泵、爆破阀、压力容器等关键设备全部实现自主化设计和国产化制造。"国和一号"示范工程通过工厂化预制、模块化施工，最大限度地实现了"土建安装并行施工"，节约关键路径工期；形成"228组织协调机制""两保一提升"等先进的管理理念，为项目推进保驾护航；"国和一号"示范工程首堆创造三代核电首堆最优工期，高质量完成关键试验，有效检验了"国和一号"技术路线、工程建造及系统设备的整体质量。作为未来国内批量建设、国际市场开发的主力机型之一，"国和一号"示范工程在助力实现"双碳"目标等方面发挥着重要作用，并为我国核电"走出去"提供了核心竞争方案。

报送单位：国核示范电站有限责任公司

1 | 2

1 "国和一号"效果图

2 核岛厂房效果图

国和一号
GUOHE ONE

溪洛渡水电站

溪洛渡水电站位于四川省雷波县和云南省永善县交界的金沙江峡谷河段，该水电站于2003年开始筹建，2005年12月正式开工，2007年12月截流，2015年工程竣工，总工期约13年，是"十五"期间开工建设的水电站，也是继三峡工程之后的又一座千万千瓦级水电站，还是全国最大水电基地金沙江的启动工程和"西电东送"中部通道的骨干工程。从2013年7月15日电站首台机组（13号机组）投产发电，到2014年6月30日全面投产发电，溪洛渡水力发电厂历时350天，接管了18台77万千瓦水轮发电机组、共1386万千瓦容量，创造了水电站投产强度的世界纪录。溪洛渡水电站从实体大坝到数字大坝再到智能大坝，借助现代化的信息和管理手段，实现了大坝建设的全方位控制与管理，引领水电行业由传统走向现代化、智能化。截至2024年4月，溪洛渡水电站累计发电量超过6000亿千瓦·时，相当于节约标准煤约1.8亿吨，减排二氧化碳约4.94亿吨；电量惠及华东、华南地区7省（市）近4亿人；近年来，圆满完成寒潮保电、迎峰度夏、成都大运会、杭州亚运会等保电工作。溪洛渡水电站运行十余年来，综合补偿效益显著，溪洛渡水库总库容126.7亿米³，其中防洪库容46.6亿米³，使川江沿岸的宜宾、泸州、重庆等城市的防洪标准提高到符合城市防洪规划标准。

▎报送单位：中国三峡集团长江电力溪洛渡水力发电厂

溪洛渡水电站实景

CF3核燃料组件

CF3（China Fuel 3）核燃料组件是由中国核工业集团有限公司研发的国内首个具有完全自主知识产权的先进压水堆燃料组件，其研发团队取得了一系列国内领先、国际先进的标志性创新成果。一是实现了高性能燃料包壳的自主可控，通过系统完整地开展N36锆合金管棒材制备技术研究，突破了国际锆合金知识产权限制，打破了燃料组件关键材料受制于人的局面。二是燃料组件关键性能指标达到国际先进水平，创新性完成高性能燃料组件结构设计，突破了国外专利限制；开发了自主燃料组件设计分析技术和模型，建立了高温—强载—强辐照耦合作用下变形协同预测技术等。三是打造了先进的燃料组件制造工艺体系，以CF3核燃料组件设计为驱动，攻克了包括新型定位格架制造工艺、下管座整体焊接工艺等关键技术。四是填补了国内燃料组件辐照试验与检验技术的空白，建立辐照考验及辐照后检查技术，国内首次在商用堆电站现场开展燃料组件池边检查，为我国核电燃料组件研制及工程应用奠定了基础。CF3核燃料组件的研制成功实现了我国核燃料组件技术从技术引进到技术出口的转变，具有显著的经济效益和社会效益。

报送单位：中国核动力研究设计院

1	2	
	3	4

1　CF3燃料组件厂内转运
2　CF3燃料组件出厂检测
3　CF3燃料组件挂装状态
4　CF3燃料组件导向管

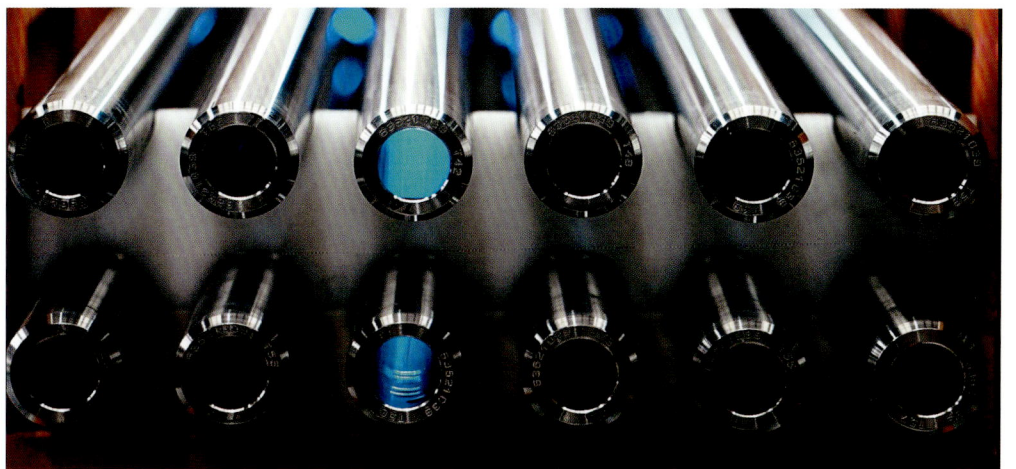

乌东德水电站

乌东德水电站是世界第七、中国第四大水电站，是世界最大清洁能源走廊的第一梯级电站。水电站建设过程中，创造了首个高拱坝坝身不设底孔、首次全面应用智能灌浆技术等15项"全球首次"，实现了超大规模地下洞室群开挖，特高拱坝智能建造，超高压、大容量、高落差GIL国产化等一系列重大技术突破，为水电工程建设树立了标杆。围绕智能电站建设、自主可控等方面大力开展科技创新，在行业内首次应用"物理场实时在线监测技术"和监控系统一键开导叶排水功能，同时，将大型水电站表计智能识别及数据采集传输研究应用、发电机定子线棒接地故障综合检测装置研发等多项科创成果应用于生产实际，切实解决生产痛点难点，进一步提升了电站运行管理安全和效率。乌东德水电站着力打造成为新时代的民生工程典范，在移民安置、扶贫帮困、公益慈善等方面积极履行社会责任，促进周边地区经济社会发展。该项目投产至今，始终保持"零人身伤害事故、零设备事故"的安全生产"双零"纪录，累计发电量超1300亿千瓦·时。

▍报送单位：中国三峡集团长江电力乌东德水力发电厂

乌东德水电站上游航拍

乌东德水电站

"国网芯"系列产品

"国网芯"是北京智芯微电子科技有限公司（简称智芯公司）落实国家电网有限公司高质量发展战略打造的工业领域芯片品牌工程。依托于该品牌工程，北京智芯公司已连续九年获评"中国十大集成电路设计企业"，目前位列全国第三，是国内最大的工业芯片设计企业。为保障电网数据安全、强化自主可控水平、推进芯片国产化替代，国家电网有限公司统筹规划自主芯片产业"国网芯"，聚焦电力行业发、输、变、配、用、调度等各个环节，已研发出安全、主控、通信、传感、射频识别、人工智能、存储、模拟8大类280余款芯片产品，形成了"海燕"主控系列芯片、"猎鹰"人工智能系列芯片等具有行业影响力的技术子品牌。该系列产品解决了芯片设计阶段难以精准预测寿命的技术难题和电网设备核心芯片限制问题，广泛应用于能源电力、轨道交通、汽车电子、石油石化等领域，基本覆盖各工业领域对芯片的功能需求，可靠性达到国际领先水平。目前，芯片累计销售超30亿颗，业务遍布全国34个省（自治区、直辖市）和亚洲、欧洲、非洲、南美洲等近100个国家和地区。

▌ 报送单位：北京智芯微电子科技有限公司

1	
2	4
3	

1 科研人员开展芯片关键技术研究
2 智芯公司园区一角
3 智芯公司工业芯片应用演示中心
4 "国网芯"系列产品

兆瓦级漂浮式波浪能发电装置"南鲲"号

兆瓦级漂浮式波浪能发电装置"南鲲"号于2023年6月14日在广东珠海投入试运行，标志着我国兆瓦级波浪能发电技术正式进入工程应用阶段。该装置总装机功率1兆瓦，单日最大发电量超1万千瓦·时，实海况能量转换效率可达28%，成功抵御了"泰利"台风，且经历5.5米巨浪考验，具备16级台风生存能力。该装置研制攻克波浪能高效俘获及转换、抗台风自保护等多项关键核心技术，提出一基多体波浪能装置模块化建造与集成技术，提升装置稳性与多浮体阵列的波浪能协同俘获能力，突破了大型漂浮式海上发电平台止链器、导链轮等核心设备国产自主化设计制造技术瓶颈。该装置的成功研制及并网运行，推动了发电平台、液压发电系统、电能变换系统、锚泊系统等产业链上下游企业的技术革新，带动了全产业链的技术进步。该装置作为漂浮式海上绿色能源供应平台，形成了"柴发—波—光—储"海岛微电网运行新模式，将为进一步提高波浪能技术规模化运行的经济可行性，促进岛礁低碳能源结构转型，推进"海洋牧场"建设，发展海洋观测、海水制氢等提供有力支撑。

		3
1	2	

1 "南鲲"号装置拖航出海
2 夜晚的"南鲲"号
3 "南鲲"号鸟瞰图

▌报送单位：广东电网有限责任公司电力科学研究院

白鹤滩—江苏±800千伏特高压直流输电工程

白鹤滩—江苏±800千伏特高压直流输电工程途经四川、重庆、湖北、安徽、江苏五省（直辖市），江苏落点在苏州虞城换流站。该工程是我国实施"西电东送"国家战略的重点工程，是国家电网有限公司坚持新发展理念的又一创新型工程。该工程是继锦屏—苏南特高压工程之后，第二条川电入苏的特高压工程，输电能力达到800万千瓦。该工程世界首次研发应用"特高压直流+柔性直流"混合级联直流输电新技术，集成了特高压直流大容量、远距离、低损耗、高可靠性与柔性直流控制灵活、适应性强、电压动态支撑能力强的优势，成功研制出可控自恢复消能装置、大容量单柱换流变压器、幅相校正器、混合级联新型控保等13大类20种新设备。该工程自投运以来，已累计向长三角地区输送电量超350亿千瓦·时，每年减少发电用煤1400万吨，减排二氧化碳2500万吨、二氧化硫25万吨、氮氧化物22万吨，有效缓解了华东地区中长期电力供需矛盾，满足了江苏经济社会发展和人民的用电需要。

▍报送单位：国网江苏省电力有限公司

1	
2	4
3	

1　姑苏换流站夜景
2　江苏段线路
3、4　姑苏换流站实景

西藏DG水电站工程建设

世界海拔最高碾压混凝土重力坝——西藏DG水电站工程位于西藏山南市雅鲁藏布江中游，施工面临青藏高原恶劣气候（高海拔、大温差、大风干燥、低压低氧）和脆弱生态环境等复杂条件综合影响。工程提出了青藏高原复杂条件下碾压混凝土筑坝成套技术等多项关键技术，攻克了青藏高原复杂条件下大坝碾压混凝土温控防裂、层间结合质量控制和工程绿色环保施工等世界级难题，获2022～2023年度国家优质工程金奖，创造了五项世界之最：世界海拔最高（3451米）碾压混凝土重力坝，世界海拔最高（3447米）装配式智慧鱼道，世界落差最大（81.77米）鱼道，世界海拔最高（3608米）大型鱼类增殖站，大坝取出世界最长（26.2米）三级配碾压混凝土芯样并被国家博物馆收藏，标志着大坝施工质量和工艺达到国际领先水平。DG水电站的顺利建成填补了高海拔地区碾压混凝土筑坝技术空白，有力推动我国水电行业筑坝技术水平走在世界前列，开创了青藏高原复杂条件下碾压混凝土坝绿色建造与高质量建设的先例，对后续雅江流域乃至西藏地区水电开发起到了积极的示范和推动作用。

▌ 报送单位：中国水利水电第九工程局有限公司

西藏DG水电站工程全景

F级50兆瓦重型燃气轮机示范工程

2022年12月31日，我国首台完全自主知识产权的F级50兆瓦重型燃气轮机示范工程在华电清远华侨工业园天然气分布式能源站项目一次点火成功，2023年3月8日通过"72+24"小时试运行。中国华电集团有限公司广东公司在项目建设过程中克服诸多困难，创造了从开工到并网仅用时9个月的"中国速度"。项目调试过程中，项目团队设计出国产燃机新的逻辑控制流程，攻克F级50兆瓦重型燃气轮机在实际应用场景与原型机试验平台边界条件不一致的难题，为项目长期安全可靠高效运行积累了宝贵经验。围绕F级50兆瓦重型燃气轮机首台（套）示范应用，中国华电集团将分布式能源站和全国产化重型燃气轮机有效结合，降低了全寿命周期燃机运行和维护成本，为今后分布式能源站健康发展和大力推广提供了成功示范案例；建立了清洁高效透平动力装备全国重点实验室华电分室，在重型燃气轮机的压气机、燃烧器、透平等主要部件的关键核心技术上继续攻坚，为填补全国产化燃气轮机运营空白，实现燃气轮机技术服务自主化、平台化、市场化和产业化，推动我国燃气轮机发电自主可控和安全可靠运行贡献了积极力量。

▍ 报送单位：中国华电集团有限公司广东公司

$\frac{1}{2}$ | 3

1 清远华侨园燃气分布式能源站项目余热锅炉
3 F级50兆瓦燃气轮机燃烧器拆除检修现场
3 F级50兆瓦燃气轮机示范工程全景

国家工频高电压比例基准装置

国家工频高电压比例基准装置是21世纪我国在能源电力行业建立的首套计量基准装置，填补了我国电力行业最高测量能力空白。20世纪80年代，我国建立工频大电流比例基准，受限于高电压测量水平相对落后、关键装备"卡脖子"等原因，未能建立工频高电压基准装置，严重影响电力、交通、航天等行业及国家大型科研基础设施的测量准确性。中国电力科学研究院首创电磁式工频高电压比例叠加量值溯源方法，创建了国家工频高电压全系列基础标准装置，首创现场高电压计量/测量设备高可靠性校准系统。依靠完全自主创新，研制了工频高电压比例基准装置。该基准装置先后与德国、澳大利亚等国家的基准装置比对，结果等效一致，实现了高电压量值的国际互认。该技术成果出口德国、土耳其等国，带动国产高端电力设备"走出去"。近三年累计经济效益达13.23亿元，推动我国在工频高电压计量领域取得了重大技术进步，实现了技术跨越，保障了高电压量值统一和计量准确可靠。

▌报送单位：中国电力科学研究院有限公司

1	
2	3

1　1000千伏工频高电压基准装置

2　500千伏工频高电压基准装置

3　特高压"皖电东送"工程中的1000千伏特高压练塘变电站试验现场

150兆瓦冲击式转轮

依托四川田湾河金窝电站，东方电气集团东方电机有限公司联合四川川投田湾河开发有限责任公司开展150兆瓦冲击式转轮国产化研制工作，掌握了冲击式水轮机水力开发、模型试验、结构设计及冲击式水轮机转轮制造、表面防护工艺等一系列关键核心技术。2023年5月16日，150兆瓦冲击式转轮成功下线。该转轮重约20吨，最大直径约4米，应用水头范围广、高效率区间宽广，具有调节灵活、检修维护方便等优势。基于该项目成果的国内首台单机容量最大功率150兆瓦级大型冲击式水电机组于2023年6月投运发电，标志着我国实现了高水头大容量冲击式水电机组从设计、制造到运行的全面自主化，开启了我国水电产业高质量发展新篇章。该项目成果实现了冲击式水轮机核心部件自主研发"从无到有"的突破，有力推动了高水头大容量冲击式水轮发电机组国产化进程，打破了国外技术壁垒，填补了我国在这一技术领域的空白。自此，我国掌握了高水头大容量冲击式水轮机发电设备的核心技术，提高了我国机电装备工业的水平，为高水头大容量冲击式水轮发电机组的研制奠定了坚实基础。

▌报送单位：东方电气集团东方电机有限公司

1 │ 2

1 150兆瓦冲击式转轮下线
2 150兆瓦冲击式转轮安装就位

锦屏一级水电站工程建设

锦屏一级水电站工程是雅砻江流域控制性工程，坝高305米，是世界第一高拱坝。枢纽挡水、发电及泄洪等主体建筑物面临四大世界级难题：一是左右岸地形地质不对称，两岸坝基变形模量相差10倍；二是地下厂房洞室群围岩强度应力比仅为1.5，远小于规范推荐的2.5下限值；三是深窄峡谷泄洪洞流速达世界之最的51.5米/秒，超高流速泄洪安全控制难度前所未有；四是近坝区可用骨料存在碱活性，安全利用和防裂难度空前。该工程攻克了复杂地质条件下超300米特高拱坝枢纽工程关键技术难题：一是创建了极不对称地质条件下特高拱坝坝基与坝体变形协调控制技术体系，开创了深部卸荷岩体上建设特高拱坝先河；二是提出了高地应力、强松弛、深破裂地下厂房洞室群围岩变形稳定控制技术，实现了极低强度应力比条件下建设大型地下厂房洞室群的突破；三是研发了深窄河谷特高水头泄洪洞泄洪安全控制技术，经受住了240米水头泄洪安全考验；四是构建了深窄峡谷特高拱坝绿色、优质、高效建造成套技术，以创纪录速度建成了无裂缝世界第一高拱坝。该工程已安全运行9年，直接经济效益约34亿元，社会效益和生态环境效益显著。

▌报送单位：中国电建集团成都勘测设计研究院有限公司

锦屏一级水电站全景

"玲龙一号"一体化小型压水堆技术（ACP100）

2021年7月13日，中国核工业集团有限公司海南昌江多用途模块化小型压水堆技术（ACP100）——"玲龙一号"在海南昌江核电基地正式开工，该项目是全球首个开工的陆上商用模块化小堆，标志着我国模块化小型堆技术走在了世界前列。区别于传统核电技术，"玲龙一号"具有小型化、模块化、一体化、非能动的特点，其安全性高，建造周期短，部署灵活。一体化设计，就是将反应堆多个核心设备集合在一起。如果说传统大型压水堆是由主机、显示器、键盘、鼠标组成的台式电脑，小型压水堆"玲龙一号"就是一体式电脑，轻巧、便捷、安全。采用模块化建造，是指"玲龙一号"的主系统和施工均采用模块化设计，使工厂批量制造成为可能。通过流水线生产、运输和快速装配，使得组装核反应堆就像组装家电产品一样简单、迅速、高效。预计"玲龙一号"建成投运后每年发电量可达10亿千瓦·时，可满足海南52.6万户家庭用电需求。同时，"玲龙一号"可以作为清洁的分布式能源，在供电的同时满足海水淡化、区域供暖/冷、工业供热等多种用途，适用于园区、海岛、矿区、高耗能企业自备能源等多种场景。

▌报送单位：海南核电有限公司

1	
2	4
3	

1、4 "玲龙一号"外穹顶吊装现场
2、3 海南核电施工现场

新能源云（新型能源数字经济平台）

新能源云（新型能源数字经济平台）将新一代信息技术与新能源全价值链、全产业链、全生态圈的业务深度融合，依托电网核心业务的主要环节，联结供给侧和需求侧，拓展到全产业链，涵盖源网荷储碳数各环节，聚集全数据要素，提高整体资源配置效率，服务新型电力系统构建和新型能源体系规划建设，促进新能源行业高质量发展。新能源云采用"平台+微服务组件+App"技术路线，构建基于数字化思维的顶层规划，设计实现了资源分布、环境承载、规划计划、厂商用户、电网服务、消纳计算、碳中和支撑服务等15个功能子平台，建立了"横向协同，纵向贯通"和"全环节、全贯通、全覆盖、全生态、全场景"的新能源开放服务体系，实现用户服务敏捷化和产业体系生态化。新能源云立足能源转型和新能源行业发展，凝聚各方共识和需求，采用系统工程思维方法和全面质量管理理念，搭建聚合政府、行业智库、设备厂商、发电企业、电网企业、用能企业、大众用户的新能源生态圈，提供规划布局和建站选址、电源项目全流程接网、消纳能力计算分析、可再生能源补贴结算管理、碳中和支撑等服务，努力打造新型能源数字经济平台。

▎报送单位：国家电网有限公司

工作人员通过新能源云平台分析清洁能源消纳情况

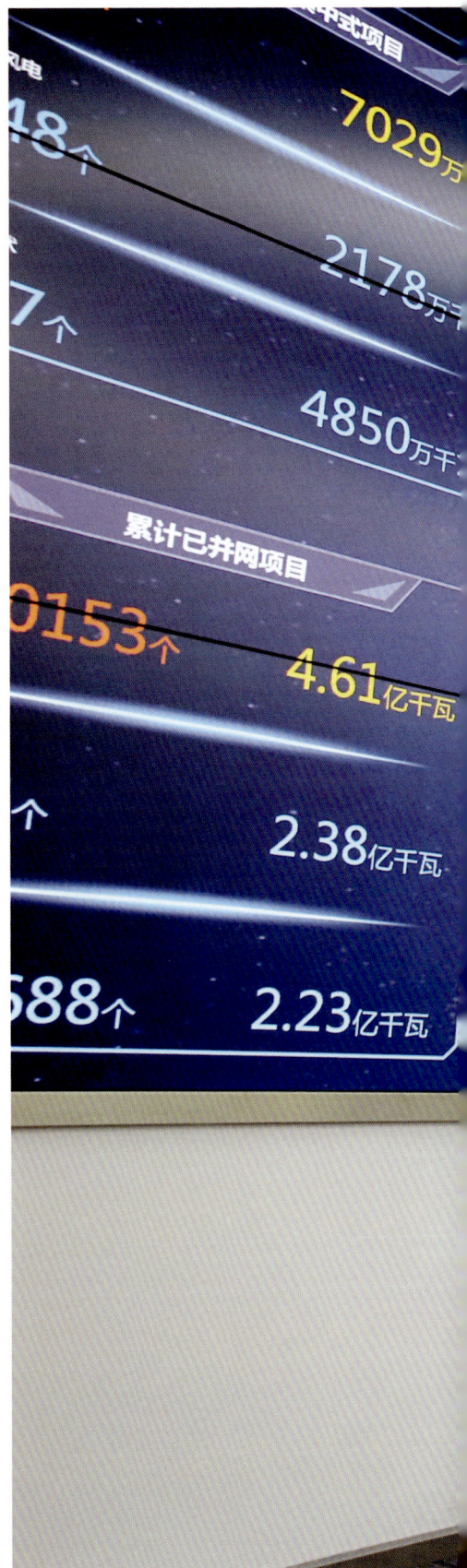

西藏DG水电站

西藏DG水电站由中国华电集团有限公司投资建设，位于西藏山南市桑日县，是中央支持西藏经济社会发展的重大项目，是目前西藏装机规模最大的内需电源项目，总装机容量660兆瓦。该电站于2015年12月经国家发展改革委核准，2016年12月大江截流。2021年建党100周年和西藏和平解放70周年之际，该电站实现全容量高质量投产，创造了"一年四投、当年全投"的国内高海拔大型水电站投产速度纪录，向党中央和西藏人民交出了优异答卷。该电站投产以来，年均发电约占西藏全区同期发电量的1/5，为西藏电网稳定和西藏人民生产生活提供了坚实的能源保障。电站依托工程建设，累计转移农牧民就业1.2万人次，实现群众增收1.2亿元，带动1个乡、6个村的1138名群众脱贫摘帽。电站的投产，每年可替代标准煤约80万吨，折合减少温室气体二氧化碳排放约200万吨，相当于5800公顷森林碳汇作用，为西藏加快建设国家清洁能源基地作出了积极贡献。

▍报送单位：华电西藏能源有限公司

	1	西藏DG水电站全景
1	2	西藏DG水电站工程与生态全景
	3	西藏DG水电站大坝近景
	4	盘折装配式智慧鱼道

非补燃式盐穴压缩空气储能技术

压缩空气储能具有存储容量大、使用寿命长、技术可靠、清洁环保等优点，具有调峰、调频、旋转备用和黑启动等功能。面对我国能源电力清洁低碳转型对储能技术的重大需求，中国华能集团有限公司和中国盐业集团有限公司、清华大学共同以非补燃式盐穴压缩空气储能技术为研发对象，遵循"理论研究—技术突破—装备研制—示范应用"的技术路线，成功提出盐穴压缩空气储能系统全能流动态特性分析和仿真方法，首创了完备的盐穴压缩空气储能电站地面系统核心装备设计方法体系，构建了涵盖造腔、勘测、改造、储库建设的盐穴综合利用技术体系，创立了盐穴压缩空气储能电站集成建设、调试和运维技术体系，建成了国际首座非补燃压缩空气储能电站——江苏金坛盐穴压缩空气储能电站。该技术成果的成功示范应用，实现了我国在商业运行压缩空气储能领域"零"的突破，实现了核心装备全国产化，打造了完备的压缩空气储能技术产业链，促进压缩空气储能由示范项目向规模化、产业化方向发展，实现了我国压缩空气储能行业技术研发和工程实践的双引领。

▌报送单位：华能国际电力江苏能源开发有限公司

| 1 | 3 |
| 2 | |

1 空气透平机

2 换热储油罐

3 江苏金坛盐穴压缩空气储能电站全景

高温气冷堆蒸汽发生器

高温气冷堆是由清华大学自主设计的具有第四代特征的核电机组，是我国拥有完全自主知识产权的核电技术。蒸汽发生器作为高温气冷堆核电系统中的关键设备之一，其作用是将核反应堆的热量转换成接近600℃的水蒸气，推动汽轮发电机组产生电能。高温气冷堆蒸汽发生器采用单元式螺旋管结构，立式布置，由19个换热单元构成。设备总高约25米，最大外径约4.5米，总重接近500吨。在研制过程中，哈电集团（秦皇岛）重型装备有限公司在机加、焊接、装配、检验、试验等蒸汽发生器全制造流程中开展了百余项创新性科研攻关工作，完成工艺评定62项、制造文件5000余份、企业标准和专项规程117项。通过技术开发掌握了蒸汽发生器的全套制造技术，其中多项技术为国内首创，研究内容成果达到国际领先水平。高温气冷堆核电站具有固有安全性好、发电效率高、用途广泛、小容量模块化建造等特点，是我国最新设计和开发的第一座具有完全自主知识产权、具备商用规模的模块式高温气冷堆示范型核电站，与探月工程、北斗导航一并被列入16个国家科技重大专项。

▎报送单位：哈电集团（秦皇岛）重型装备有限公司

高温气冷堆蒸汽发生器

全球首台HTR-PM蒸汽发生器
华能石岛湾高温气冷堆示范工程

中国华能
CHINA HUANENG

中国核工业集团有限公司
China National Nuclear Corporation

清华大学
Tsinghua University

哈尔滨电气集团有限公司
HARBIN ELECTRIC CORPORATION

中核集团

核电DCS系统设备

核电DCS（Digital Control System）系统设备是核电站的控制中枢，涉及核电站所有关键系统和设备的控制。中国核工业集团有限公司自主研发的核电DCS系统设备包含安全级"龙鳞"平台和非安全级"龙鳍"平台，首次实现了国产自主化的核电站全厂数字化仪控系统批量化工程应用。核电DCS系统设备复杂、规模大、研制难度高，中国核工业集团有限公司自主研制的核电DCS系统设备取得了一系列标志性创新成果。一是发明了国内首套柔性可扩展核安全级数字化控制系统，创建了核安全级数字化控制软硬件技术体系，发明了多层融合—多维均衡的功能安全技术；二是"龙鳞"平台实现了国际先进的数字安全通信技术，提出了安全增强的功能安全通信技术，保障了数字通信过程的正确和可靠；三是"龙鳍"平台形成了高可靠度、高安全性非安全级控制系统，创新性攻克了数据服务系统高可靠主备冗余切换技术等，取得了关系数据在线配置及同步技术等重大突破。核电DCS系统设备保障了我国电力行业关键装备的产业链安全，实现设计开发的标准化，填补了国内该领域的空白，已直接产生经济效益超50亿元，未来直接产生的经济效益将达到35亿元/年。

▋ 报送单位：中国核动力研究设计院

1	
2	3

1 "华龙一号"核电站"龙鳞"DCS系统机柜
2 面向多堆型的"龙鳞"DCS全系列产品
3 DCS智能化集成及测试验证大厅

阿里与藏中电网联网工程

阿里与藏中电网联网工程起于西藏中部的日喀则市，止于阿里地区的噶尔县，途经西藏日喀则、阿里两地市十区县，新建500千伏变电站2座、220千伏变电站4座，新建输电线路1689千米，铁塔3352基，工程动态投资74.06亿元。新建的6座变电站海拔均在4000米以上，其中萨嘎变电站海拔4688米，是目前世界上海拔最高的220千伏变电站，被称为"云端电网"。该工程是"十三五"国家重大工程，是建设全国统一电网"最后一公里"的关键工程，是落实国家"治边稳藏"重要战略思想、彰显中国特色社会主义制度优势的工程。该工程设计秉承"经济可持续、环境可持续和社会可持续"发展理念，突破生命禁区、挑战生存极限，变电站、线路最高和平均海拔均刷新世界纪录。该工程坚持环保优先，合理避让冈仁波齐等自然保护区4处、环境敏感点16处。截至2024年4月15日，该工程已连续安全运行1228天，助力西藏电网供电可靠率从99.06%提升至99.50%。该工程彻底结束了阿里电网长期孤网运行历史，使全国最后一个地级行政区接入大电网，形成全国统一电网，工程沿线近38万农牧民群众实现从"油灯"到"电灯"、从"用上电"到"用好电"的巨变。

▌报送单位：国网西藏电力有限公司

1 阿里与藏中电网联网工程实景

2 阿里与藏中电网联网工程220千伏萨嘎变电站（藏式风格）

3 阿里与藏中电网联网工程铁塔

大渡河大岗山水电站

大渡河大岗山水电站位于四川省石棉县境内，是大渡河干流规划的第14个梯级电站，是国家西部大开发十大重点工程之一。该工程由世界最高抗震设防标准的210米混凝土双曲拱坝、引水发电系统、泄洪洞等组成，总库容7.42亿米^3，总装机容量2600兆瓦，年发电量114.50亿千瓦·时，于2010年12月核准，2015年10月全部机组投产发电。工程总投资221.22亿元。该工程通过创新应用抗震综合加固技术等一系列关键技术，成功解决了高拱坝抗震安全评价、坝基腐蚀性承压热水、卸荷裂隙边坡加固处理等技术难题，引领了高拱坝抗震技术的发展。在大坝施工中采用盲降、防撞智能国产缆机，实现了智能缆机国产化。截至2024年3月31日，该工程累计发电810.85亿千瓦·时。该工程的建成投产，开创了在高强度地震区近地震断裂带建设高坝大型水电站的先例，引领了我国乃至世界水电工程抗震设计和建设管理技术的发展，提高了我国水能资源利用率，对推动我国水电产业升级、区域经济发展作出了重要贡献。

▌报送单位：国能大渡河大岗山发电有限公司

大渡河大岗山水电站全景

贵州乌江构皮滩水电站通航建筑物工程

贵州乌江构皮滩水电站通航建筑物工程是首座位于高山峡谷河段200米级高拱坝枢纽上的大型过坝通航建筑物。该工程创造了6项"世界之最"与1项"国内首创"，主要创新成果包括"三级升船机+通航隧洞+渡槽+明渠"的串联组合式通航建筑物布置型式、500吨级下水式升船机低速重载减速器、垂直升船机特高塔体快速施工技术与高精度体型控制技术、国内首套500吨级下水式升船机电气传动系统及集中控制系统等。这些创新成果已直接应用于贵州乌江构皮滩水电站通航建筑物工程建设全过程，解决了一系列重大技术难题。工程自2021年8月投入试运行以来，已累计安全运行近三年，各设备及升船机整体性能达到设计要求，升船机安全稳定运行得到验证。工程建成后成为贵州省打通乌江"黄金水道"、共建"一带一路"、融入长江经济带的关键性工程，有助于促进当地社会经济发展，为贵州地区实现可持续发展提供重要支撑。截至2024年3月，工程累计取得直接经济效益约11亿元、间接经济效益约3.7亿元。工程中的一系列标准与方法，如船舶进出船厢最大速度、船厢对接允许误差、船厢水深控制标准、安装调试规程、验收规范等填补了行业标准空白，促进了通航建筑物学科发展。

▌报送单位：贵州乌江水电开发有限责任公司构皮滩发电厂

广东目标网架工程

广东目标网架工程于2021年开工建设，2023年12月全面建成投产。该工程包括大湾区直流背靠背工程、500千伏外环工程等18项，覆盖广州、东莞、惠州等12个地市，总投资约320亿元，新建背靠背换流站2座、500千伏变电站（开关站）4座、500千伏线路超过3200千米。该工程是广东电网有限责任公司落实国家能源安全新战略，提升大湾区电力安全保障能力的重要措施，首创多直流馈入负荷中心柔性互联分区的构网新模式，突破了柔直与多场景复杂电网异同步自适应控制技术，自主研制出高适配、低损耗、全自主可控柔直核心装备，系统提出了绿色、高效柔直换流站先进设计及运行技术。该工程的建成投产，有效提高了粤港澳大湾区电力基础设施互联互通水平，显著提升了广东电力供应服务能力，使广东省内东西片区电力互济能力由400万千瓦提升至1000万千瓦，大湾区电力供应能力提升80%，有效保障了广东经济社会发展的用电需求，并可满足广东省内未来沿海核电、海上风电等清洁能源发展的接入需要，助力推进粤港澳大湾区加快实现"双碳"目标，为助力广东经济社会高质量发展作出贡献。

▎报送单位：广东电网有限责任公司

1	2	3

1 粤港澳大湾区500千伏外环西段（云浮段）线路
2 大湾区直流背靠背东莞工程全景
3 粤港澳大湾区500千伏外环西段（肇庆段）线路

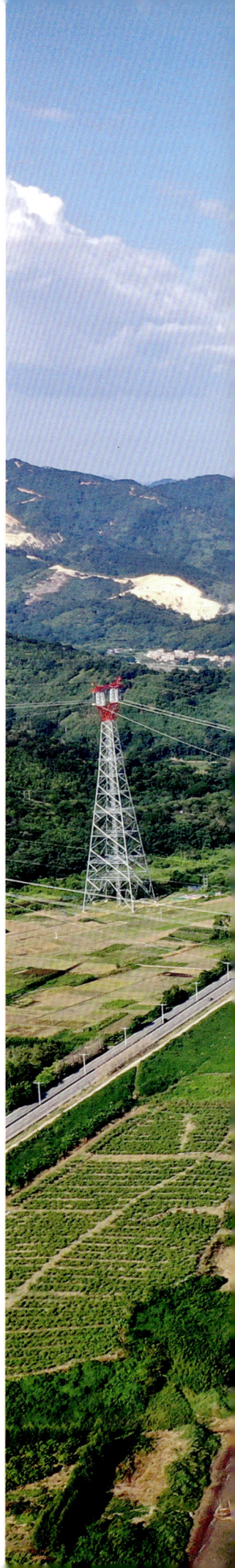

百万千瓦燃煤机组50万吨/年二氧化碳捕集示范工程

百万千瓦燃煤机组50万吨/年二氧化碳捕集示范工程是2021年度国家能源集团十大科技攻关项目之一，同步列入国家发展改革委关键核心技术攻关项目及江苏省碳达峰碳中和重大科技示范项目。该项目自2023年6月投运以来，运行稳定可靠，各项性能指标达到设计要求，实现再生热耗控制在2.35吉焦/吨二氧化碳以下、捕集区用电负荷51.5千瓦·时/吨二氧化碳，项目总用电负荷168.1千瓦·时/吨二氧化碳，破解了碳捕集能耗高、吸收剂损耗大、大型塔内件传质性能差、捕集—发电系统难协同、控制系统复杂等关键难题，开发了成套设备与工艺包，设备国产化率达到100%，并实现工程应用。该项目作为亚洲最大的燃煤机组二氧化碳捕集示范项目，首台套引领性强，对大型火电厂碳捕集发展具有借鉴意义，为碳捕集规模化和商业化发展提供了有力的技术支撑。该项目形成的针对燃煤电厂二氧化碳捕集利用的关键技术，助力煤炭清洁高效利用，大大降低综合减排成本，提高了燃煤电厂的整体竞争力。该项目形成的重要环保品牌效益，推动了环保技术和装备产业化发展，为拉动绿色投资、扩大内需、培育新的经济增长点等作出贡献。

▌报送单位：国家能源集团泰州发电有限公司

$\frac{1}{2}$ | 3

1、2 二氧化碳捕集示范工程全景
3 二氧化碳球罐区域

CCUS

泰州电厂50万吨/年碳捕集与资源化能源化利用研究及示范项目
Carbon Capture, Utilization and Storage

高位布置汽轮发电机组
关键技术

700℃超超临界燃煤发电机组建设需要大量的镍基合金材料，使电站的造价大幅增加。为了解决该难题，国能锦界能源有限责任公司项目团队创造性提出高位布置汽轮发电机组关键技术的设想，即通过将汽轮发电机组整体布置在除氧煤仓间的上部，以达到减少高温管道用量的目的。项目团队创立了长167.5米、宽26米、屋顶标高86.2米、汽轮发电机组运转层65米、煤仓间设备和除氧间设备布置在主厂房下部的全新布置格局。该项目坚持科技引领，持续推进煤炭清洁高效利用，创新发展了汽轮发电机组高位布置技术，自主研发了成套技术装备和系统，并在工程中得到成功应用，实现了我国燃煤发电技术的重大突破；培养了一批科技创新人才和专业技术人才，形成了一系列具有自主知识产权的核心技术，相关技术已推广应用到其他燃煤发电工程项目中，取得了显著的经济效益和社会效益，为我国发展更高参数先进煤电机组提供了技术储备和工程建设经验。同时，该项目的成功应用还引领了富煤缺水的"三北"地区清洁高效空冷机组的建设模式和发展方向，有力促进了我国燃煤电站设计技术水平的提升，同时为未来700℃（650℃）先进超超临界燃煤发电技术的工程应用奠定了基础。

▌ 报送单位：国能锦界能源有限责任公司

1			
1	大型卧式凝结水泵		
2	高位布置机组汽轮机平台		
3	汽轮机房零米设备安装现场		
4	锦界电厂全景		

哈电集团

40万千瓦700米级高稳定性抽水蓄能机组

2022年1月1日，由哈尔滨电机厂有限责任公司研制的40万千瓦700米级高稳定性抽水蓄能机组成套设备成功应用于广东阳江抽水蓄能电站。"40万千瓦700米级高稳定性抽水蓄能机组关键技术与应用"项目研究中的双向分流的混流式水泵水轮机叶片空间位置的确定方法、多向变异优化的"C"形大扭转创新翼型的长短叶片转轮、基于高精度全流道转轮流固耦合数值分析方法、精细化三维流固耦合与结构设计双向反馈的方法、高耐压抗抬升的两瓣上法兰组合结构的顶盖、高水头水泵水轮机轴向水推力的调节方法、三塔式上止漏环结构和阶梯式下止漏环结构、锻钢整体磁轭导向分流通风结构、精准可靠的磁极线圈新型双面通风冷却系统、20千伏少胶VPI定子绝缘系统、提高"S"区和驼峰区裕度、实现"一管三机"过渡过程性能优良控制的多重维数高精度交互传递计算方法等一系列创新的设计、技术和发明均已成功应用于阳江抽水蓄能电站。该机组的成功研制和应用，标志着我国已完全掌握40万千瓦700米级高稳定性抽水蓄能机组关键技术，提升了我国超高水头、超大容量、高稳定性抽蓄机组的技术水平。

▌报送单位：哈尔滨电机厂

自主设计百万等级核电汽轮发电机组

自主设计百万等级核电汽轮发电机组是上海电气电站设备有限公司上海汽轮机厂研制的新一代百万等级半转速核电汽轮机组。发电机是上海发电机厂在完全自主开发的百万千瓦等级阳江核电发电机基础上进行优化改进，并对部分关键技术进行创新后研制的。上海电站辅机厂通过消化吸收，自主研发掌握了凝汽器、汽水分离再热器的核心设计技术。该机组综合技术达到国际领先的水平，拥有完全自主知识产权；完成专利共23项，包括发明专利12项，实用新型专利10项，软件著作权1项。该机组目前已在巴基斯坦卡拉奇核电项目、广西防城港核电项目成功投入商业运行，各性能指标满足或优于设计要求。该机组的成功实施，对于推进我国核电装备国产化作出了贡献。"华龙一号"核电机组每台每年可减少燃烧标准煤312万吨，减少二氧化碳排放816万吨，相当于植树造林7000多万棵，年碳减排贡献突出、环保效益显著。该机组还是我国首次出口海外的具有完全自主知识产权的百万等级核电汽轮发电机组，是共建"一带一路"的标志性工程，为我国核电"走出去"战略奠定了坚实基础。

▍报送单位：上海电气电站集团

1
—
2

1 巴基斯坦卡拉奇核电项目
2 广西防城港核电项目

锦屏二级水电站工程建设

锦屏二级水电站位于四川雅砻江锦屏大河湾上，装机规模480万千瓦。雅砻江大河湾奇特的地貌和复杂的地质结构，为锦屏二级水电站世界规模最大、埋深最大的水工隧洞群建设带来了难以想象的世界级技术难题。如何保证隧洞成洞与结构安全，国内外既没有成熟技术经验可循，也缺乏成功案例可借鉴。中国电建集团华东勘测设计研究院有限公司联合多家科研单位，紧密围绕深埋、高地应力、高外水压力长隧洞工程关键技术，攻坚克难，取得一系列具有国际领先水平的创新成果：创建了超深埋隧洞成洞理论方法，提出了岩爆预测与防控集成技术，研发了岩溶突涌水预测与治理成套技术；创新了特大规模引水发电系统水力调控技术。成果全面支撑了工程安全高效建设，实现了越岭隧洞埋深从1600米到2500米的重大技术跨越。雅砻江锦屏二级水电站作为我国"西电东送"战略性关键工程，对推进国家西部大开发、优化电源结构发挥了重要作用。该工程研发的一系列技术成果，极大推进了该领域的科技进步，对此后我国深埋地下工程建设起到示范和引领作用。

▍报送单位：中国电建集团华东勘测设计研究院有限公司

	1	
2	3	4

1　锦屏二级水电站地下厂房
2　锦屏二级水电站隧洞群
3　锦屏二级水电站闸坝
4　锦屏二级水电站首台机组投产发电仪式

丰满水电站全面治理（重建）工程

丰满水电站位于吉林省境内松花江干流，始建于1937年，被誉为中国"水电之母""水电摇篮"。电站以发电为主，兼顾防洪、供水、灌溉等综合利用功能。受历史条件限制，老坝先天性缺陷始终无法根除，严重威胁着下游上千万人民群众生命财产安全，2007年被评定为"病坝"。国家电网有限公司站在对历史、对人民、对经济社会可持续发展负责的高度，全面落实国家发展改革委"彻底解决、不留后患、技术可行、经济合理"十六字方针，经科学论证，确定原址重建。丰满水电站全面治理（重建）工程按恢复电站原任务和功能，在原坝下游120米处新建一座大坝。枢纽建筑物由碾压混凝土重力坝、泄洪系统、坝后式发电厂房、500千伏开关站、过鱼设施等组成。总装机容量148万千瓦，多年平均发电量17.09亿千瓦·时。2020年9月，6台机组全部投产发电。该重建工程是我国第一座原址重建的大型水电站，施工中采用的高寒区碾压混凝土坝智慧建造关键技术、机组智能故障诊断及预测关键技术、严寒地区大型水电站重建工程开挖爆破关键技术、大型水轮发电机组高精度安装关键技术、低标号水工清水混凝土关键技术等新技术和方法有效保证了良好的工程效果。

▎报送单位：国网新源控股有限公司

$\frac{1}{2}$ | 3

1　1988年的丰满大坝
2　重建后的丰满水电站
3　丰满发电厂厂区全景

全自主可控F级50兆瓦
重型燃机

全自主可控F级50兆瓦重型燃机是涉及国家能源安全的关键核心重大技术装备。2009年，东方电气集团启动国内首台具有完全自主知识产权F级50兆瓦重型燃机研发项目。首台商业机组于2023年3月8日成功投入运行，标志着我国已完整掌握燃机自主研发、设计、制造、试验全过程，自主燃机产业取得实质性进展。全自主可控F级50兆瓦重型燃机研发项目突破多项"卡脖子"关键核心技术，填补了我国燃机研发技术领域空白。燃机性能水平与国际成熟商业机组基本相当，项目成果总体达到国际先进水平，已形成发明专利50项，国家标准14项，实现我国重型燃机"从无到有"的突破。作为清洁能源动力机械，该项目相较于同功率的火力发电机组，一年可减少碳排放超过50万吨，联合循环一小时发电量超过7万千瓦·时，具有良好社会效益和生态效益。

▌报送单位：东方电气集团东方汽轮机有限公司

1　F级50兆瓦重型燃机

2　F级50兆瓦重型燃机完工发运仪式

"六缸六排汽"百万机组

大唐东营发电有限公司项目在役两台百万千瓦超超临界、二次再热、"六缸六排汽"百万机组，于2020年底实现"双投"。该项目机组秉承大冷端整体优化、宽负荷节能等设计理念，采用"超低背压""回热系统和烟气余热梯级利用系统深度耦合"等先进技术。两台机组均为单轴六缸六排汽、超长轴系（59.627米）、二次再热、超低背压（2.9千帕）、超低煤耗（258.72克/（千瓦·时））机组。机组的成功投运，实现了大型火电机组的高效低碳经济运行，被国家能源局评定为"第一批能源领域首台（套）重大技术装备项目"。该项目将科技创新贯穿于设计和建设的全过程，采用1项世界首次应用技术、8项国内首次应用技术和11项行业先进技术，创造了机组背压、供电煤耗等多项指标的世界最低纪录，开创了更加节能、环保、高效的百万千瓦级二次再热燃煤发电机组的先河，为大容量、高参数清洁环保型火力发电厂的设计、施工、调试及生产运维提供了借鉴作用。该项目的投产发电，对提升我国电力行业装备制造水平、优化电源结构、加快新旧动能转换、改善区域环境质量等具有示范意义。该项目已累计向社会供电317亿千瓦·时，与全国百万千瓦火电机组平均煤耗水平相比，节约标准煤约37万吨，减少二氧化碳排放约100余万吨，为实现"双碳"目标作出了积极贡献。

▎报送单位：大唐东营发电有限公司

1		1 大唐东营发电项目集控室
2	4	2 大唐东营发电项目全景
3		3 大唐东营发电项目煤场
		4 "六缸六排汽"百万机组

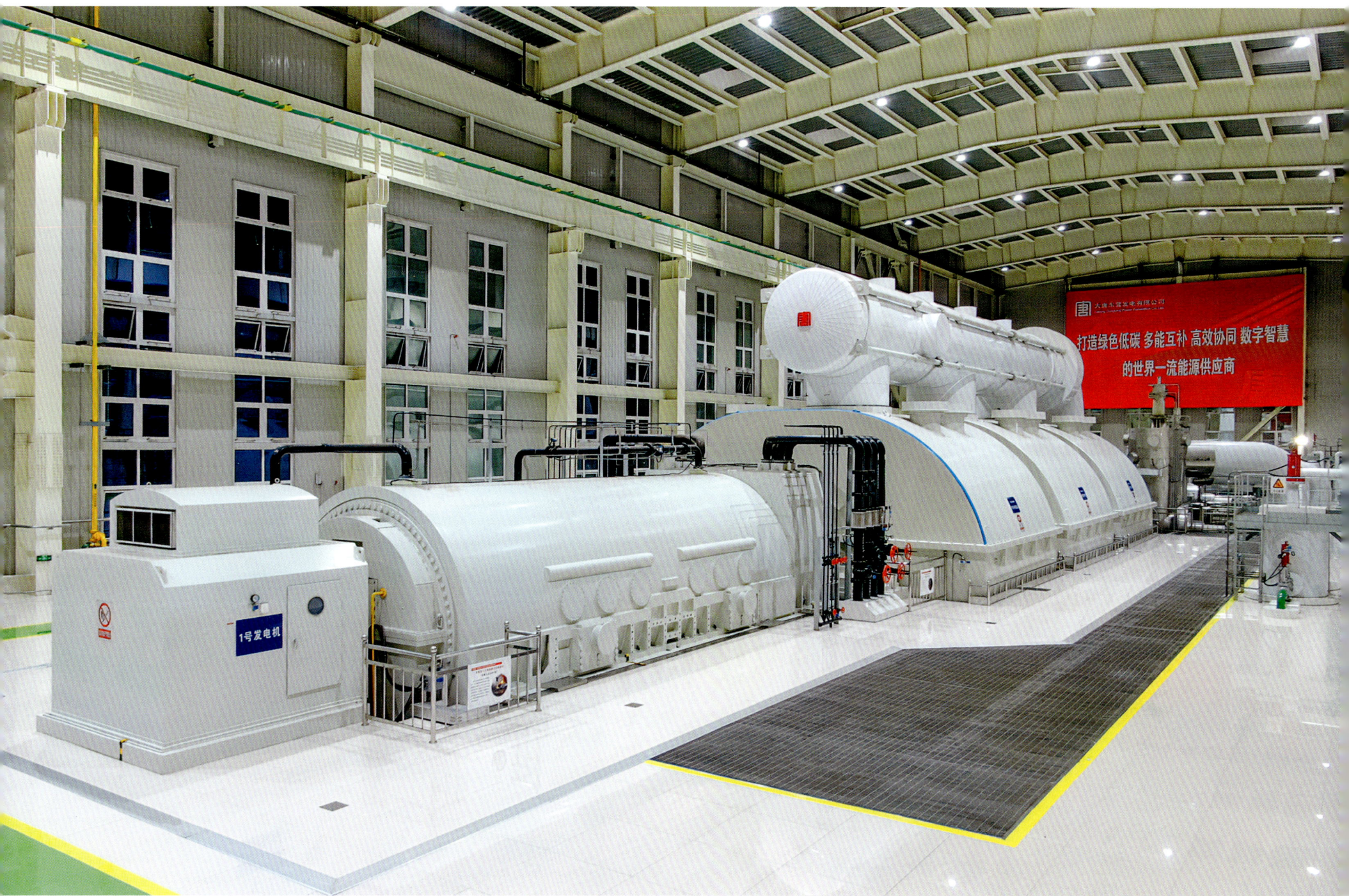

雅砻江两河口水电站
工程建设

雅砻江两河口水电站工程是雅砻江中下游的"龙头"水库，总装机容量3000兆瓦，具有世界级"五高"（大坝高、边坡高、进水塔高、挡水水头高、发电机转子磁轭钢板强度高）、"六大"（最大边坡群、最大规模洞室群、最大洞室溢洪洞、最大抗冲旋挖桩群、最大免装修混凝土建筑群、最大规模智能碾压应用）、"两长"（运输道路长、还建道路长）的特点。因此，气候条件恶劣、高土石坝建设经验缺乏、设计难度大、筑坝材料分散、厂区地应力高、高流速泄洪系统、高进水塔、高陡边坡施工布置难度大。中国电建集团成都勘测设计研究院有限公司通过经验总结和研发，创建了多源复杂料源勘察、精细化调控技术与评价方法；发展了特高土石坝计算分析理论和特高堆石坝抗震安全技术；创建了特高土石坝全生命周期空间连续感知成套技术；提供了高海拔高寒地区冬季施工的新经验。工程投运以来，对缓解四川电网"丰余枯缺"矛盾、促进长江经济带高质量发展和成渝地区双城经济圈建设，助力打造世界级绿色清洁可再生能源基地具有重要意义。

▍报送单位：中国电建集团成都勘测设计研究院有限公司

两河口水电站大坝填筑到顶

走近大国重器　见证奋进电力
电力行业重大技术装备及工程名录

燃煤机组超低排放关键技术

浙江省能源集团有限公司旗下的浙江浙能科技环保集团股份有限公司在原有脱硫脱硝技术的基础上，通过产学研合作研发出"超低排放技术"，实现了对脱硫、脱硝和除尘系统的全面提效，同时开发新的环保技术和设备对汞和三氧化硫进行同步深度脱除，并消除了"冒白烟"现象。该技术在国内率先实现燃煤机组烟气超低排放项目投运，所排放烟气中主要污染物烟尘、SO_2、NO_x等指标均达到或优于天然气燃气机组的排放限值：烟尘排放浓度不大于5毫克/米^3，SO_2排放浓度不大于35毫克/米^3，NO_x排放浓度不大于50毫克/米^3。目前，全国应用该技术成果的燃煤电厂已占70%，装机容量累计8.1亿千瓦，并拓展到钢铁、玻璃生产、船舶脱硫、水泥生产等行业的烟气治理，有效解决了我国18亿吨电煤的出路问题，节约全社会用能成本超1万亿元。浙能集团开创性地为煤电发展提出了一条绿色发展之路，为煤炭的清洁化利用提供了"中国方案"。

▮ 报送单位：浙江浙能科技环保集团股份有限公司

1 │ 2

1　660兆瓦燃煤机组烟气超低排放工程
2　330兆瓦燃煤机组烟气超低排放工程

常温高导石墨烯铜复合材料

石墨烯作为目前已知的室温下载流子迁移率最高的导电材料，具有载流子迁移率和载流子输运特性，被认为是理想的铜基复合材料增强体。基于化学气相沉积法制备得到的高品质石墨烯铜复合材料，在保持高力学性能、高抗氧化性能和耐磨损性能的同时，电学性能得到较大提升，电导率可达108%IACS，比T1纯铜高5%~10%。在高温条件下，石墨烯既能阻碍铜的垂直晶粒生长，还能提供强导热能力，从而维持材料的高强度和高导电性。采用常温高导石墨烯铜复合材料生产的导线可有效降低铜的电阻率、降低线损、减少电网的能量损失；采用常温高导石墨烯铜复合材料生产的电机绕组线，可减轻电机重量、提升电机效率。按全国10千伏、220千伏及以上线路总长630万千米计算，若采用108%IACS常温高导石墨烯铜，每年可节约电能500亿~1260亿千瓦·时。常温高导石墨烯铜复合材料在电网、新能源、工业电器、航空航天、电力电子、交通、大数据、通信、精细金属部件等高技术领域具有广泛的应用前景，将为高技术领域科学技术的发展注入新的动力。

▎报送单位：正泰集团股份有限公司

1	石墨烯连接件
2	石墨烯粉末
3	石墨烯镀银
4	石墨烯电缆
5	石墨烯端子

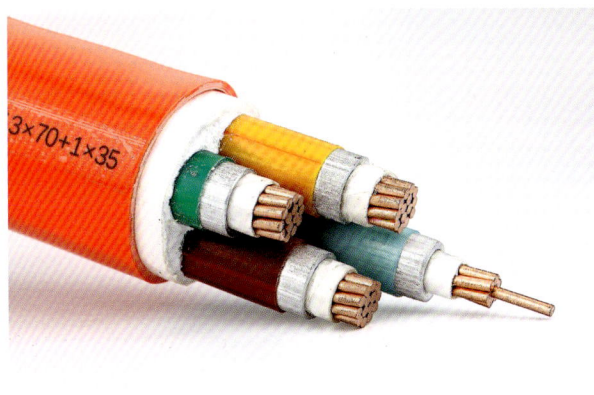

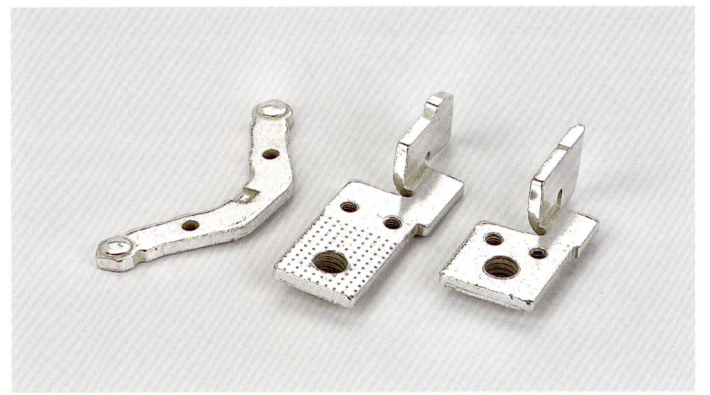

灵活高效二次再热超超临界锅炉

哈尔滨锅炉厂有限责任公司根据电力市场需求和火力发电技术装备发展方向，系统攻克了660～1000兆瓦高效超超临界二次再热锅炉的汽温调节、材料裕度小条件下的偏差控制、燃烧系统与汽水系统耦合、运行控制等难题，自主研制出国际上参数最高、容量最大的Π型和塔式两种炉型结构的灵活高效二次再热超超临界锅炉，实现了工程示范和系列化推广应用。哈尔滨锅炉厂有限责任公司深入研究多燃料、多场景自主化关键技术，率先在同行业形成了全系列二次再热超超临界技术；创新性揭示了炉内烟气蓄热、工质侧换热与运行负荷耦合规律，提升了宽负荷长周期安全性、可靠性；首创采用多维度燃烧器结构型式，实现了二次再热超超临界机组与新能源体系的高度融合；通过开展煤电支撑工业冷热联供及化工原料供应体系研究，最先实现锅炉由单一发电功能向多元能源体系转变；创新性攻克了烟气多阶梯级利用技术，进一步推进了煤电节能减排。该项目研制的锅炉机组热效率为48.12%，比常规超超临界机组热效率提高3%，煤耗降低18克/（千瓦·时），节能减排优势明显，具有显著的经济效益和社会效益。

▌报送单位：哈尔滨锅炉厂有限责任公司

1
2
| 3

1　赣能2×1000兆瓦丰城电厂（塔式）
2　大唐雷州2×1000兆瓦二次再热π型锅炉厂区一角
3　大唐雷州2×1000兆瓦二次再热π型锅炉厂区全景

660兆瓦超超临界高位布置汽轮机

世界首例660兆瓦超超临界全高位布置汽轮机采用由哈尔滨汽轮机厂有限责任公司最新研制的660兆瓦高效超超临界、一次中间再热、单轴、三缸两排汽、直接空冷汽轮机，该机型是在已成功投运的新型660兆瓦超超临界机组技术基础上，通过不断优化创新，集成各种先进设计制造技术而打造的具有国际一流水平的汽轮机产品。主要创新点如下：**一是**首次开发适用于高位布置、直接空冷特点的汽轮机组，首次将空冷排汽管道的曲管压力平衡补偿器与汽轮机排汽装置整合为新型排汽装置，实现了汽轮机组高位布置低压排汽端关键技术研究新突破，为整机高位布置汽轮机设计奠定了基础；**二是**针对高位布置机组，首次开发了"全工况汽缸稳定性分析方法"，为解决火电机组汽缸失稳问题提供了新思路；**三是**整机抗震性能研究与结构改进，保证各类型极端工况的运行安全性；**四是**提出"动刚度耦合分析法"，进一步提升弹性基础汽轮机轴系稳定性分析的准确性。该汽轮机设备首次采用全高位布置，减少了高温管道的投资，提高了机组的发电效率，将在煤电的发展中起到引领和示范作用。

▎报送单位：哈尔滨汽轮机厂有限责任公司

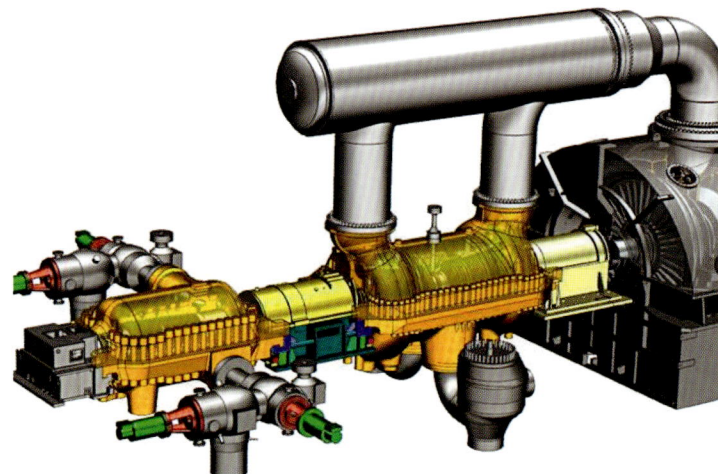

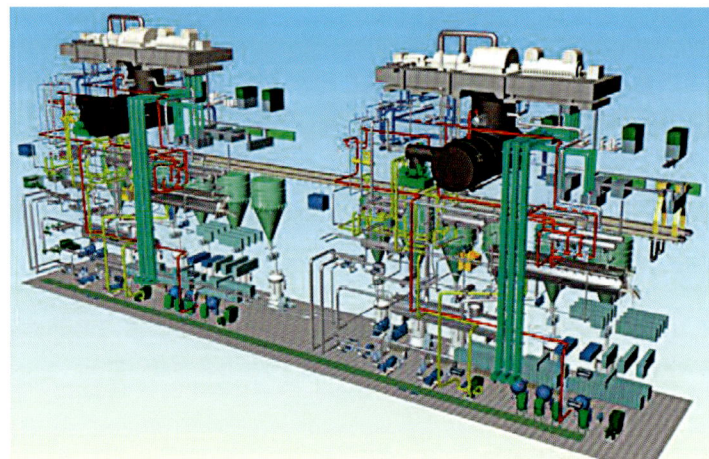

1	3
2	

1　高位布置汽轮机三维设计模型
2　高位布置汽轮机运行厂房整体系统
3　高位布置汽轮机低压转子厂内加工及试验过程

±800千伏柔性直流输电系统换流阀

特变电工股份有限公司研制的世界首个±800千伏柔性直流输电系统换流阀，首次将柔性直流技术从±350千伏提升到±800千伏，将送电容量从100万千瓦提升到了500万千瓦，填补了特高压柔性直流输电技术应用于架空线路的空白。该产品创新采用无闭锁架空柔性直流输电系列技术，解决了柔性直流输电系统应用于架空输电线路时存在的直流故障自清除与系统重启动、降直流电压运行、阀组在线投退三大难题，为构建架空柔性直流输电、多端直流输电系统、直流电网提供了强有力的技术支撑。该产品入选国家能源局第一批能源领域首台（套）重大技术装备，已在"西电东送"重点工程、世界首条±800千伏特高压多端柔性直流工程——昆柳龙直流工程投运，服务于国家重大能源工程安全可靠运行，支撑国家新型能源体系建设，为推动特高压技术迈进柔性直流新时代提供核心装备。

▌报送单位：特变电工股份有限公司

1 | 2

1 ±800千伏柔性直流换流阀、±800千伏干式空心桥臂电抗器
  应用于乌东德电站送电广东广西特高压多端柔性直流示范工程

2 ±800千伏3000兆瓦柔性直流输电系统换流阀

用电信息采集关键技术

用电信息采集关键技术系统包括6.13亿只电能表、6741万只采集终端，以及年数据增量为5PB的主站系统，覆盖电力发输变配用各环节，服务6.09亿电力客户。该系统是国家电网有限公司最重要的电力基础设施之一，在电费核算、现货交易、线损管理、配网抢修等业务应用中发挥了重要支撑作用。该系统通过10余年产学研用协同攻关，攻克了自主可控的高准确度电能计量和可靠性设计技术，突破了计量器具大规模自动化检定和精益生产技术，首创中频低压电力线高速载波通信互联互通国际标准，构建了世界规模最大、安全等级高、全域覆盖的用电信息采集系统。该系统促进了芯片、通信、表计、终端、软件等自主可控技术的发展，以标准化引领300余家量测设备生产企业智能化转型升级和产业高质量发展，带动上下游产业链投资5500亿元，助力40余家科创企业上市，支撑我国成为全球最大的量测设备生产、使用和出口国。

▍报送单位：中国电力科学研究院有限公司

走近大国重器　见证奋进电力
电力行业重大技术装备及工程名录

1 基层业务人员通过新一代用电信息采集系统进行业务监控
2 科研团队开展双模通信技术性能测试

电力潮流灵活控制
关键技术及核心装备

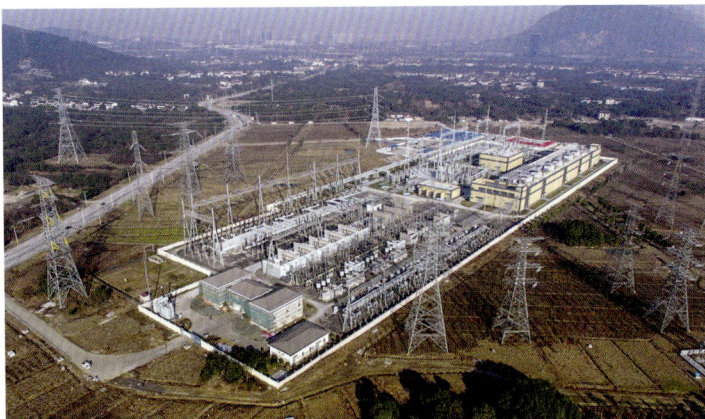

电力潮流灵活控制关键技术及核心装备由国网江苏电力牵头，联合南京南瑞继保电气有限公司、全球能源互联网研究有限公司、浙江大学、中国能源建设集团江苏省电力设计院有限公司等单位共同完成。该技术历时多年攻关，攻克了复杂电网潮流调控方法、潮流精准控制技术、多场景调控装置研制、系统级工程应用等难题，在国际上首次成功研制复杂电网潮流调控适配的系列装备：统一潮流控制器、直串式潮流控制器、静止同步串联补偿器、移相器。该项目突破了电力潮流按电网阻抗自然分布，实现了潮流的灵活控制，是提升电网输供电能力和新能源接纳能力的关键技术，是我国高端电力装备发展的核心技术。江苏共有两座变电站加装了UPFC装置，分别为南京220千伏西环网UPFC工程和苏南500千伏UPFC工程。

▍报送单位：国网江苏省电力有限公司

1	4
2	
3	

1、2 苏南500千伏UPFC工程实景
3 工作人员对苏南500千伏UPFC工程进行年度检修
4 苏南500千伏UPFC工程建设现场

中国大唐

龙滩水电站

龙滩水电站是红水河梯级开发的龙头骨干控制性工程，是国家实施西部大开发和"西电东送"战略的标志性工程之一。该电站位于红水河上游的广西河池市天峨县境内，规划总装机容量630万千瓦，年均发电量187.1亿千瓦·时，是中国大唐集团有限公司装机容量最大的水电厂，也是广西第一大、国内第七大水电站。该电站于2008年12月完成一期7台机组490万千瓦建设，采用世界首台700兆瓦全空冷水轮发电机组；二期工程计划于2024年底实质性开工，两台机组装机容量为140万千瓦，预计于2025年底并网发电。该电站已累计生产清洁电能突破2100亿千瓦·时，相当于节约标准煤约7599万吨，减少二氧化碳排放约2亿吨。该电站机组设备在设计制造中攻克多项技术难关，实现设备国产化率达90%以上。其中，200米级碾压混凝土重力坝建设关键技术、岩石力学智能反馈分析方法及其工程应用等3项成果荣获国家科技进步奖，有力推动了我国大型水电装备的设计制造技术创新。该电站的建设对于优化南方电网电源结构和电力结构、改善红水河通航条件、减轻红水河下游西江两岸地区的洪水威胁、促进广西和贵州少数民族地区经济社会发展发挥着重要作用。

▌报送单位：龙滩水电开发有限公司龙滩水力发电厂

	2	3
1		

1 龙滩水电站大坝
2 龙滩水电站全景
3 龙滩水电站3号发电机组A级检修转子成功吊装

走近大国重器 见证奋进电力
电力行业重大技术装备及工程名录

热烈祝贺龙滩电厂3号机发电

121

煤电一体化超超临界 百万千瓦火力发电基地

中煤新集利辛发电有限公司2台100万千瓦超超临界燃煤发电机组属于煤电一体化坑口电厂项目，是安徽省"振兴皖北"战略和"十二五"能源建设重点工程，也是我国首个由中央煤炭企业建设管理的百万千瓦级煤电一体化坑口电厂项目。该项目在设备设计和制造过程中取得多项突破，采用再热汽温度623℃高效大容量超超临界机组，在国内首次采用全负荷脱硝技术，超前实现深度调峰和全负荷超低排放；广泛应用节能高效装备材料和技术，其中设计背压在我国百万千瓦机组中最低，凝汽器换热面积、冷却塔冷却面积最大，冷端优势明显，节能效果突出。该项目作为皖北重要的电源支撑点，是维持电网安全稳定的重要厂站。自2016年投产以来，该项目完成了历年重要时段保供任务及迎峰度夏、防寒度冬保电任务，累计发电775亿千瓦·时，创造工业产值256亿元，纳税16.01亿元，经济和社会效益突出，彰显了煤电联营的强大活力。该项目引领示范作用显著，是煤炭企业办电和电力行业自主创新、绿色发展的成功典范。

▌ 报送单位：中煤新集利辛发电有限公司

板集电厂全景

大容量柔性直流输电系统用 XLPE绝缘高压直流海缆

随着新型换流技术不断发展，近年来XLPE绝缘直流海缆的研究与应用受到越来越多的关注。相较于交流海缆，直流海缆具备输电距离长、损耗小、线路建设成本低等优点，是建设大容量、远海风电场建设及洲际能源互联的关键装备。中天科技海缆股份有限公司自主研发的±160、±200、±320、±400、±525千伏及±535千伏直流海缆、电缆系列产品，打通了超高压柔性直流海底电缆国产化技术壁垒，推动了我国海底输电技术的发展，为我国高压直流海缆输电成套设计提供技术装备支撑。2021年12月，±400千伏直流海缆在江苏如东1000兆瓦海上风电项目通电运行，标志着亚洲首个采用柔性直流输电技术的海上风电项目全容量并网发电，产品电压等级和输送容量均达到同期商业化项目的最高水平，已为海上风电场输送电能突破4亿千瓦·时，整体运行情况良好。

| 1 | 2 | 3 |

1 ±400千伏直流海缆
2 ±525千伏直流海缆
3 海缆敷设现场

▍报送单位：中天科技海缆股份有限公司

世界最高电压等级海上风电柔性直流送出工程

白鹤滩水电站1000兆瓦水轮发电机组

白鹤滩水电站是"西电东送"的重要工程，白鹤滩1000兆瓦水轮发电机组是白鹤滩水电站打破地质条件限制、保证新型电力系统运行的灵活性与稳定性、提高经济效益的最优选择与关键支撑。2021年6月28日，哈尔滨电机厂有限责任公司研制的14号机组投产发电，成为全球首台发出100兆瓦的水电机组，开启了100兆瓦机组运行的新时代。在白鹤滩水电站机组的研制中，哈尔滨电机厂有限责任公司攻克了许多世界性的技术难题：100兆瓦机组实现了全负荷安全稳定运行；首创"15长+15短"的长短叶片转轮，水轮机最优效率达96.7%；发电机应用自主知识产权的全空气冷却技术，转子温度均匀度提升3%；采用24千伏水电行业最高电压等级，绝缘研制领域达到世界领先水平；在额定工况下，每台机组年节约水资源约2亿米^3。与国内外厂家制造的大型机组对比表明：哈尔滨电机厂有限责任公司研制的白鹤滩机组功率最大、额定电压等级最高，稳定性最好，稳定运行范围最宽，水轮机效率最高，全空冷技术世界领先，且机组各项运行性能优于国内外，证明了哈尔滨电机厂有限责任公司技术达到了国际领先水平，创立了世界水电新的里程碑。

▍报送单位：哈尔滨电机厂有限责任公司

白鹤滩水电站1000兆瓦水轮发电机组实景

10兆瓦海上风力发电机组

东方电气集团与中国三峡集团有关单位联合组建攻关团队，聚焦我国自主发展大型海上风电机组设计、制造、运行与维护面临的技术难题，历经数年科学研究和技术创新，突破了90米级碳纤维大尺寸长柔性叶片研制、先进智能控制技术开发、综合实时数字仿真与智慧运维关键核心技术，独立自主完成亚洲首台套10兆瓦海上风电机组研制，并实现批量示范运行。10兆瓦级海上风电机组主要适用于IECI+类风区，主要面向高风速（8.5~10米/秒）海上风电区域，适用于福建、粤东等高风速区域。该机组采用直驱技术路线，适应高盐雾高湿度环境，可抗77米/秒超强台风。10兆瓦级海上风力发电机组的成功研制及运行，标志着我国已完全具备10兆瓦级海上风力发电机组自主研发、制造、安装能力，是实现海上重大装备国产化、打造海上风电"大国重器"的重要成果，有力促进了我国海上风电产业发展。供应链相继具备大型叶片、直驱永磁式发电机、控制系统等核心关键部件的批量国产化设计制造能力，历史性将我国海上风电单机容量引进"两位数"时代，推动了我国由风电产业大国向风电技术强国迈进。

▎报送单位：东方电气风电股份有限公司

1　2　3　4　**1-4** 10兆瓦海上风力发电机组实景

国家电投

"暖核一号"核能供热
商用示范工程

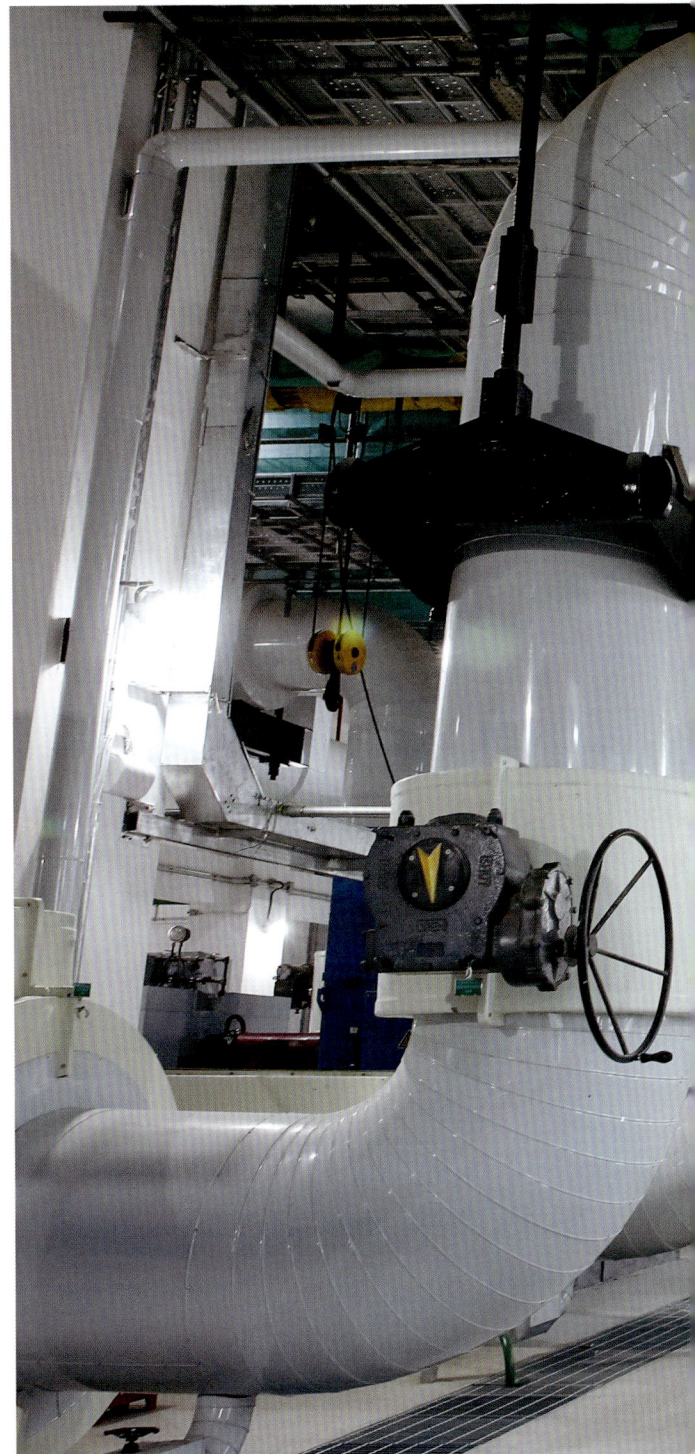

"暖核一号"核能供热商用示范工程是我国首个核能商用供热示范工程，也是我国首个具有完全自主知识产权的核能综合利用技术品牌，率先实现了由核能发电向核能综合利用的拓展。2019年，"暖核一号"一期工程建成，首次让零碳的核能供热"飞入寻常百姓家"；2021年，"暖核一号"二期工程建成，助力山东海阳成为我国首个零碳供暖城市；2023年，"暖核一号"三期工程建成，首次在我国实现跨地级市长距离、大温差核能供热，创造单一核电基地供热能力世界纪录。"暖核一号"的成功实践，填补了我国诸多空白领域，在技术、地方协调机制、商业模式、公众接受度等方面均取得了创新与突破。目前，该项目已安全稳定运行五个供暖季，实现了园区级、县域级、跨地级市的"三步走"战略目标，成为山东省烟台海阳和威海乳山两地清洁供暖的重要保障，探索出核能安全高效发展的新途径，开创了可复制、可推广的绿色能源供给新模式，打造了我国核能高质量发展的新质生产力，标志着"十四五"期间山东海阳核能供热示范任务已全部完成。

▎报送单位：山东核电有限公司

1
2 | 3

1 "暖核一号"三期项目联合泵站
2 "暖核一号"联合泵站工作现场
3 "暖核一号"联合泵站检修现场

核设施专用仪控系统

核设施专用仪控系统是紧密围绕核反应堆的三大仪控系统，是反应堆测量、控制和保护的核心仪控装备，包括堆芯测量系统（RIC）、堆外核仪表系统（RPN）和棒控棒位系统（RGL），对反应堆的安全稳定至关重要。其设备基本都属于核安全级设备，具有性能要求高、技术难度大、工艺复杂等特点。中广核研究院有限公司自2009年起，依托国家核级设备研发中心积极开展核设施专用仪控系统设备国产化研发工作，历时10余年，克服恶劣环境下设备可靠性需要得到保证、反应堆复杂环境条件下微弱信息难以有效甄别等困难的挑战，攻克了核设施专用仪控系统在设计、研发、制造方面一系列难题和关键技术。项目研发过程中先后提出了多模式智能化控制和诊断方法、离散式数字化的堆芯水位测量方法、高γ射线抑制能力的中子测量方法及高集成全数字化微弱电流测量及处理方法等一系列创新方法，并建设了约1000米^{2}的仪控机柜和探测器的先进生产线，形成了自主研发和制造的能力。目前中广核研究院有限公司已取得核设施专用仪控系统9类典型核安全设备的设计和制造资质，成为国内在该领域资质最全的单位，同时国产化的核设施专用仪控系统设备已在新建和运行机组实现批量化应用。该类设备的研发和应用彻底解决了我国核电关键仪表和系统关键装备的"卡脖子"问题，降低核电站建设和运营成本，保障核设施反应堆的安全稳定运行。并以此带动了上下游产业链的发展，促进了核电现代产业链体系建设，提高了核电产业基础能力和自主化率，形成了核电行业新质生产力，推动了核电产业高质量发展。

▌报送单位：中广核研究院有限公司

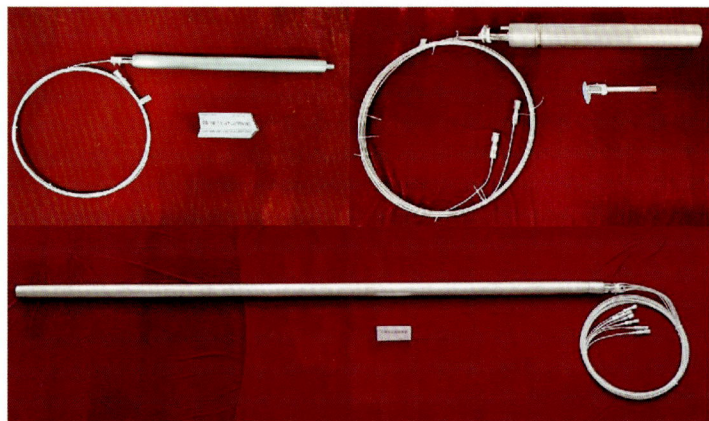

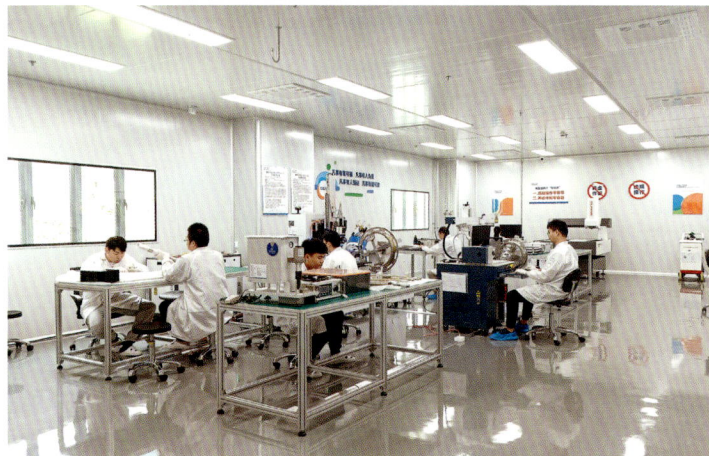

| 1 | 2 | 3 | 4 |

1 防城港3号机组电源柜
2 核测量探测器
3 核设施专用仪控系统研发实验室
4 堆芯中子测量系统

中国华电

氢能产业关键装备

氢能作为中国华电战略性新兴产业，依托国家部委专项任务、集团公司揭榜挂帅项目，在关键材料、生产线、核心产品方面取得了重大成果和突破。关键材料方面，建成我国首条一体化成型的自动化气体扩散层成套生产线，年产能100万米^2，实现气体扩散层卷对卷批量化生产。制氢装备方面，中国华电集团有限公司自主研发的1200牛·米^3/时高性能碱性制氢电解槽单机产氢量、电解效率、电流密度等主要技术指标已经达到国际先进水平，并在关键零部件方面完全实现自主可控，对可再生能源随机波动性大、发电不稳定的情况有较强的适应性；PEM电解水制氢装置实现了催化剂、气体扩散层、质子交换膜等PEM电解水制氢关键核心材料及部件的全国产化，电解槽具有体积小、效率高、氢气纯度高、动态响应快、负荷范围宽等优势，具有完全自主知识产权。通过对制氢关键材料、核心设备的研究，形成具有自主知识产权的技术成果，补强能源技术装备方面短板，有利于推动能源结构转型和碳排放降低；自主研发的"华臻"—1200碱性电解槽和"华翰"—200PEM电解槽成功下线并先后投入示范应用，研发成果的应用和推广将极大地推进绿氢产业进程。

▌报送单位：中国华电科工集团有限公司

1
2 | 3 | 4

1 气液分离框架
2 达茂旗储氢罐
3 铁岭项目全景
4 PEM电解水制氢装置

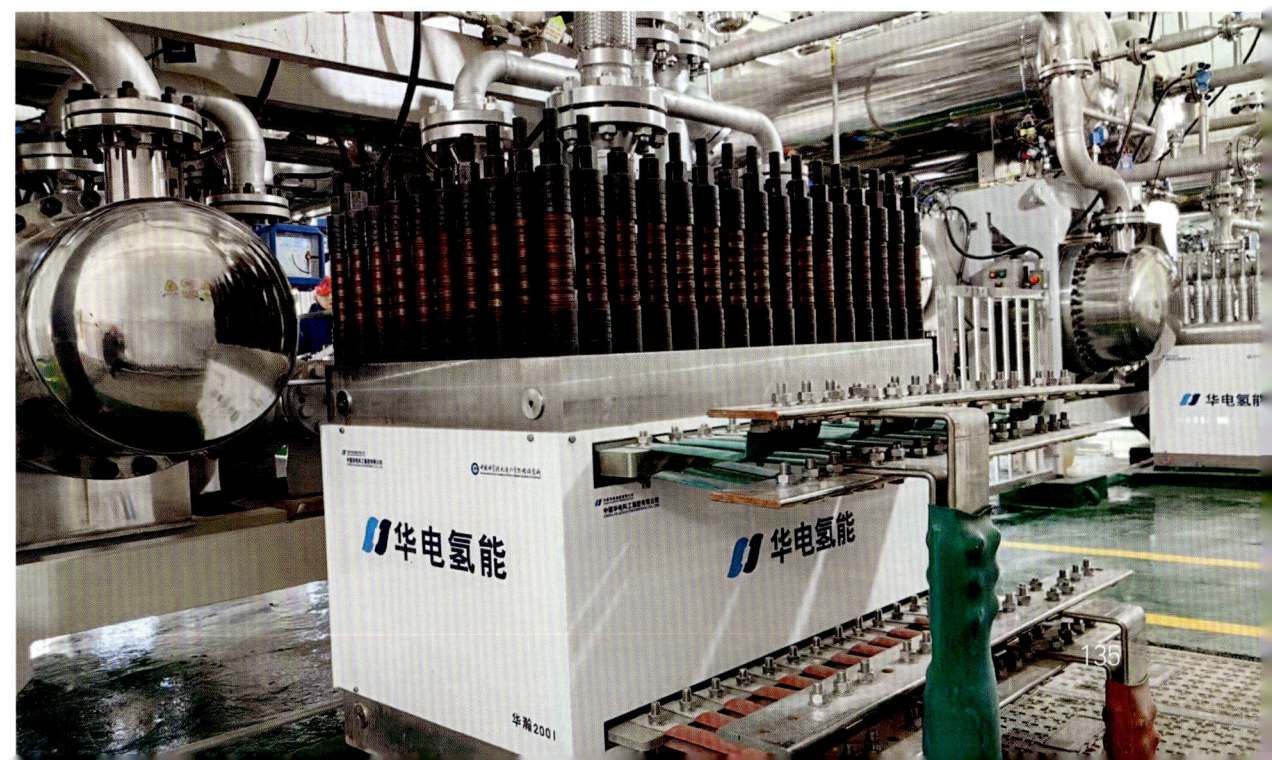

乌兰察布新一代电网友好绿色电站示范项目

乌兰察布新一代电网友好绿色电站示范项目位于内蒙古自治区四子王旗，项目总装机容量为200万千瓦，其中风电装机容量为170万千瓦，光伏装机容量为30万千瓦，配套储能装机容量55万千瓦×2小时，共分为4个风光储单元，配套建设4座升压储能一体化电站。针对常规新能源电站发电出力的随机性、间歇性和波动性问题突出，以及并网友好性差等问题，该示范项目从"储能规模配置"和"一体化智慧调控"两方面实现电站友好并网。在"储能规模配置"方面，该项目配置约30%风光总装机的储能系统，形成全球储能容量最大的风光储一体化电站；在"一体化智慧调控"方面，该项目结合需求开展专项技术攻关，创新研发了智慧联合集控系统，解决了高配比储能与风光新能源的智慧协调运行问题。该项目每年发电量约63亿千瓦·时，与同容量燃煤发电厂相比，每年可节约标准煤203.27万吨，减少二氧化硫排放14564.61吨，减少二氧化碳排放5205265.43吨，环保效益显著。

report 报送单位：三峡陆上新能源总部

| 1 | 3 |
| 2 | 4 |

1 "源网荷储"项目实景

2 乌兰察布新一代电网友好绿色电站示范项目风电全景

3 储能航拍实景

4 乌兰察布新一代电网友好绿色电站示范项目风电+储能

超高压、大长度海底电缆系统工程

500、330、220千伏单芯、三芯海缆系统研发项目以系统集成为发展方向，提供完善的系统解决方案，填补了世界超高压、大长度交联聚乙烯绝缘光纤复合海底电缆系统领域的空白。该项目带动了国内海缆系统设计、制备、检测技术的发展，提高了我国海缆核心技术的自主开发能力，缩短了与国际先进水平的差距，进一步提高了产品在国际市场竞争力和行业地位。依托该项目的研发成果及工程应用，目前已交付世界首个500千伏电压等级海缆工程、世界首个半潜漂浮式海上风电商用项目，创造了220千伏交联聚乙烯绝缘海缆无接头长度的世界纪录等。该项目通过工艺创新、设备研制和原材料国产化，上游带动下游，形成完整的海缆产业链，突破国际海缆垄断企业的限制，带动地方经济和产业链发展。通过项目实施，江苏亨通高压海缆有限公司已具备超高压、大长度海缆的材料、设计、工艺、制造、测试等综合能力，目前已累计形成相关销售102.86亿元，培养研发队伍96支，增加相关就业岗位68个，有力促进了行业发展。

▌报送单位：江苏亨通高压海缆有限公司

1 │ 2 │ 3

1 500千伏单芯海缆

1 220千伏三芯海缆

3 500千伏三芯海缆

HYJQF41-F 290/500 3×1800+2×48C
500kV铜芯交联聚乙烯绝缘圆钢丝铠装光纤复合海底电缆

核电机器人

核电机器人军团背后的研发团队成立于2007年，团队自成立之初就致力于开展战略性、原创性核电特种机器人研发。针对电站环境辐射剂量高、作业空间狭小、安全性要求高等特点，形成了一批国内首创、国际领先的科研成果。开发出涵盖核电站核岛主设备检修、核燃料组件操作及修复、常规岛设备及冷源系统维护、核应急处理与作业等共计百余款核电机器人产品，多项产品填补国内外空白。如创造中广核最短卸料工期记录的核燃料换料机器人、首台套国产反应堆压力容器整体螺栓拉伸机、全球首台套超大型取水隧洞海生物清理机器人等。围绕核电机器人，由中广核研究院有限公司联合国内核电企业、高等院校、科研院所、装备制造企业等共同成立了核电智能装备与机器人创新联盟，促进核电特种机器人产业链上下游融合发展，推动核电设备国产化、自主化、标准化进程。随着设计自主化及技术问题攻关，已培养出一批高技术含量、高素质专业化的队伍，为核电事业的发展注入源源不断的动力。

▎报送单位：中广核研究院有限公司

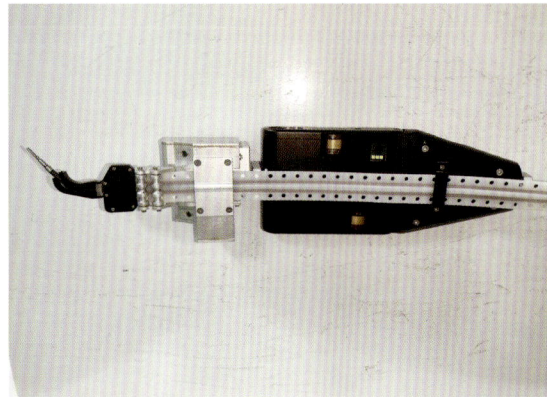

走近大国重器　见证奋进电力
电力行业重大技术装备及工程名录

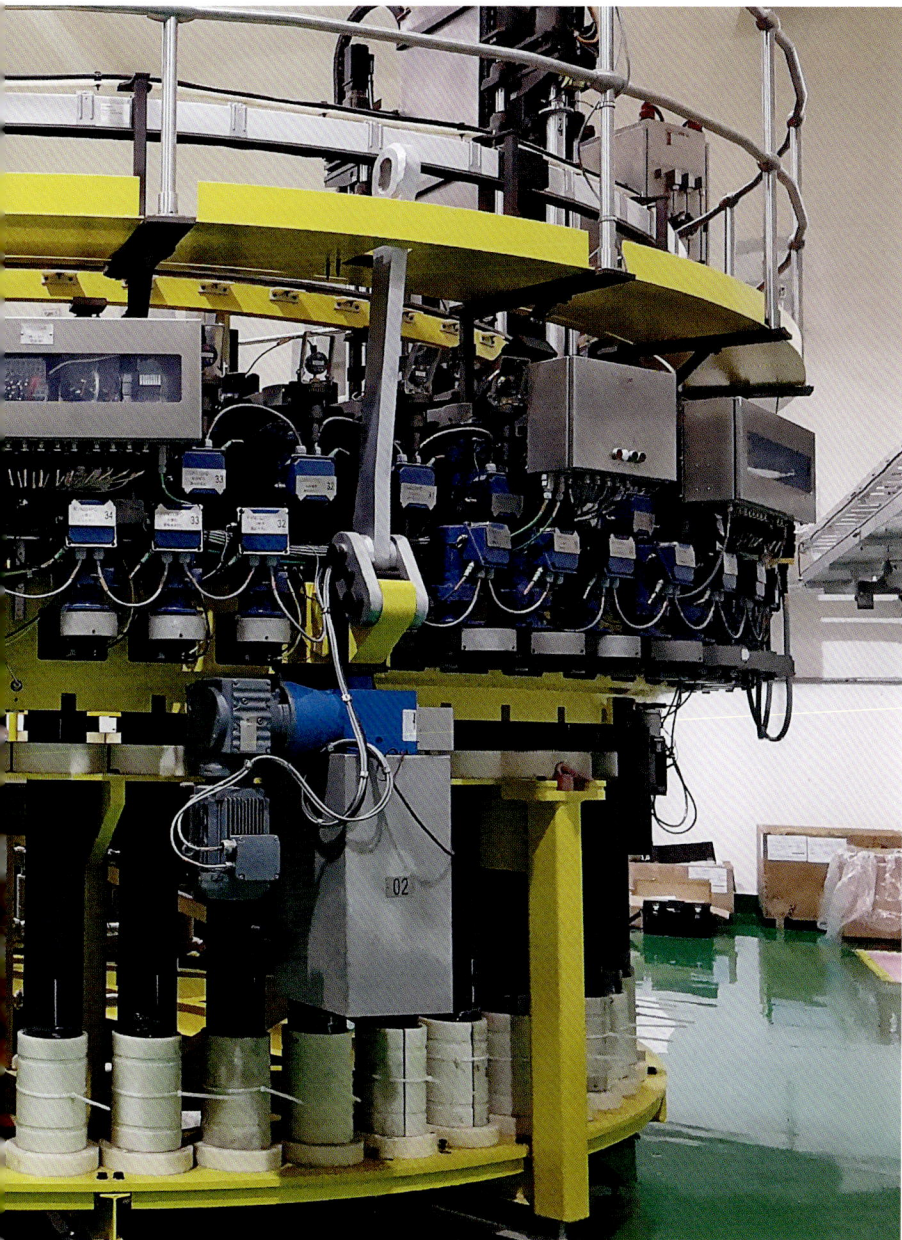

±800千伏特高压直流输电换流阀

±800千伏特高压直流输电换流阀已成功应用于世界首个±800千伏/7200兆瓦锦屏—苏南特高压直流输电工程、世界首个±800千伏/8000兆瓦哈密南—郑州特高压直流输电工程，并推广至±800千伏/8000兆瓦溪洛渡—浙西、巴西美丽山II期等19项国家重大直流工程，有效支撑了我国换流阀高端装备走出国门。该换流阀历时十年产学研联合攻关，解决了理论研究和关键技术、设备研制、试验方法、标准规范、工程实施及推广应用等关键技术问题，在宽频建模及分布参数提取、非线性组件协调配合、多物理场建模及数值分析、晶闸管规模化成组电气均衡设计、智能化触发监控以及多源复合试验技术等方面取得了系列自主创新成果。该换流阀自产业化实施以来，累计签订合同额约80亿元，核心部件全部实现了"中国创造"，极大地降低了直流工程采购成本和建设成本，彻底摆脱了国外产品对我国直流工程建设在产品价格、工期进度、营销模式等方面的制约，填补了国内在该领域的空白，让我国特高压直流工程首次拥有了"中国心"，对于促进我国能源基地开发利用，缓解中东部地区的缺电局面，提高西南水利资源在全国能源供应格局中的地位等方面意义重大。

▎报送单位：南瑞集团有限公司

1　±800千伏/5000兆瓦柔性直流输电换流阀
2、3　±800千伏/3000兆瓦柔性直流输电换流阀

1 | 2 | 3

中国大唐

千万千瓦级"风光火热储"多能互补综合能源示范基地

内蒙古大唐国际托克托发电有限责任公司打造的千万千瓦级"风光火热储"多能互补综合能源示范基地是我国首批特大型新能源与煤电打捆送出示范项目。目前，基地年发电能力在350亿千瓦·时以上，约占北京地区社会总用电量的25%，是京津唐电网重要的电源支撑点，对保障首都用电需求、加快地方经济社会发展、实现国有资产保值增值发挥着重要作用。基地所属蒙西托克托200万千瓦新能源外送项目是由中国大唐投资建设的国家第一批大型风电光伏基地项目之一，是我国首个利用既有火电通道打捆外送新能源多能互补项目，包括170万千瓦风电及30万千瓦光伏发电，经托克托电厂既有4回500千伏线路将风电、光伏发电量送入京津唐电网，开辟了一条新能源大规模开发的新路径。该项目总投资约83亿元，首批机组已于2023年底并网发电，计划于2024年实现全容量投产，建成后每年可生产绿电41亿千瓦·时以上，节约标准煤超过143万吨，减少二氧化碳排放超过350万吨。

▌报送单位：内蒙古大唐国际托克托发电有限责任公司

1 | 3
2

1 托克托能源示范基地实景

2 托克托能源示范基地五期项目机组集控室

3 托克托200万千瓦风光项目实景

基于耦合负压电路的535千伏
混合式直流断路器

由北京电力设备总厂有限公司研制的基于耦合负压电路的535千伏混合式直流断路器，正常运行时额定电流为3000安，额定电压为535千伏，可在3毫秒内实现±25千安全电流范围的短路开断能力，避雷器端间残压水平为800千伏。该断路器是世界上电压等级最高，开断电流能力最强的直流断路器，具有以下创新点及技术优势：一是采用耦合负压设计，节省空间、可靠性高、运行维护成本低；二是主通流支路仅含快速机械开关，不含电力电子开关，快速机械开关采用8个100千伏真空开关串联，行程短、恢复快、冗余度高；三是直流断路器采用耦合负压装置实现换流，换流时间由断路器内部电路参数决定，不存在小电流情况下换流时间长的问题；四是转移支路电力电子开关采用交叉桥式单元串联结构，半导体元件仅含4支二极管与2支IEGT元件，结构清晰可靠；五是对于核心的保护命令和采样数据实现了"3取2"的防误措施，确保直流断路器不会误动或拒动。该断路器具有广阔的市场前景。

▍报送单位：北京电力设备总厂有限公司

1 | 2 | 3　　　**1-3** 具有国内自主知识产权的535千伏耦合负压混合式直流断路器

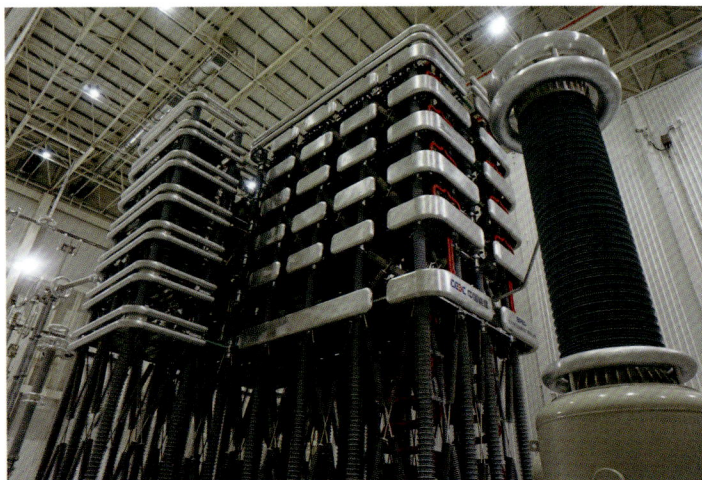

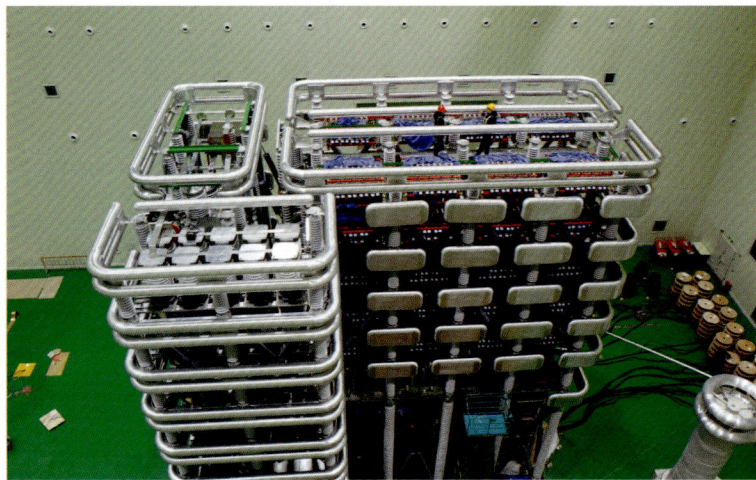

走近大国重器　见证奋进电力
电力行业重大技术装备及工程名录

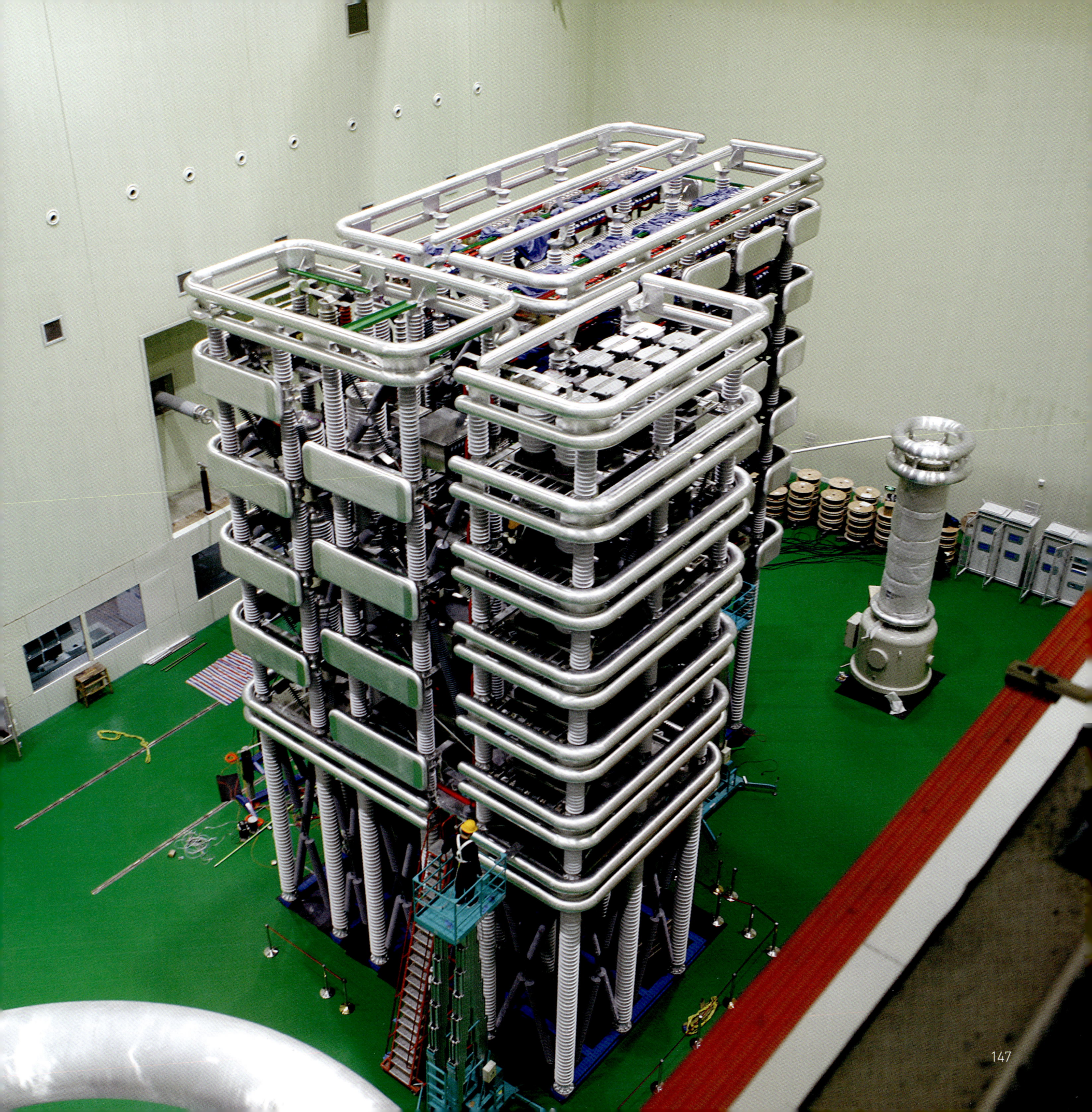

阳江沙扒200万千瓦级海上风电场

三峡阳江沙扒200万千瓦级海上风电场是国内首个集中连片规模化开发的百万千瓦级海上风电场，共布置315台风机，装机容量200万千瓦。该项目面临海洋环境恶劣、地质条件复杂、施工窗口期短、施工资源匮乏等困难，综合难度位居世界前列。工程团队充分调动国内外科研力量，积极开展技术攻关，创造了设计、基础施工、风机安装等多项国内纪录并实现质量事故、安全事故"双零"目标：一是以精益求精的建设理念，通过技术创新使用4大类8种机组基础攻克复杂地质难题，打造了"海上风电机组基础博物馆"。二是以集群化开发思维，建成了同期全国单体容量最大的海上风电集中送出系统。三是以破壁的创新态度研发了全球首台抗台风型漂浮式风电系统成套装备"三峡引领号"。该项目实现了我国漂浮式风电从"0"到"1"的重大突破，促进了我国海上风电技术跨越式进步。四是以勇当产业链"链长"的担当精神，推动国产化大容量机组规模化应用，带动了我国海上风电全产业链协同发展。工程建成后，每年可为粤港澳大湾区提供约56亿千瓦·时清洁电能，满足240万户家庭年用电需求。

▌报送单位：中国三峡集团广东分公司

1-3 三峡阳江沙扒200万千瓦级海上风电场

149

中国环流三号装置

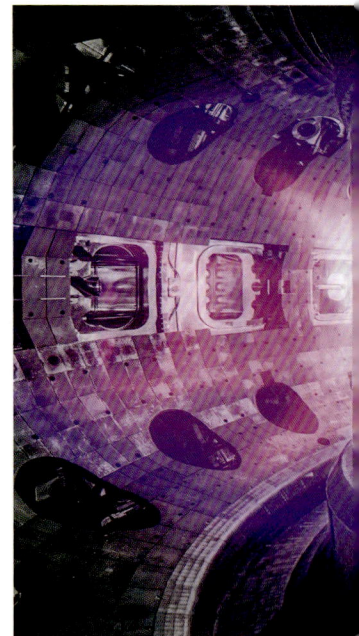

中国环流三号装置（HL-3）建成于2020年。该装置结构紧凑、运行灵活、等离子体控制能力强，是我国当前唯一具备堆芯级等离子体运行能力的科研平台，是实现我国核聚变能开发事业跨越式发展的重要依托。中国环流三号装置对比国内其他磁约束核聚变研究装置，可实现高密度、高比压、高自举电流（$\beta_N > 3$，$f_{bs} > 50\%$）状态下的实验运行；具备先进偏滤器位形运行模式，其受热面积比常规偏滤器大10倍。在等离子体电流2.5兆安和高辅助加热（30兆瓦）条件下，以及等离子体平均密度为4.0×10^{19}个/米^{3}时，芯部的最高电子与离子温度可分别达到16千电子伏（约2亿℃）和12千电子伏（约1.5亿℃）。依托中国环流三号开展燃烧等离子体物理实验，可加强主机系统、加热与电流驱动系统、诊断系统、供电系统、控制运行系统、氚燃料循环系统和辐射防护监测系统等相关技术储备。未来，中国环流三号装置将重点研究ITER和未来核聚变堆所需的等离子体运行模式，通过打造国际前沿的托卡马克核聚变研究平台，为我国下一步自主设计、建造和运行核聚变堆，推动我国由核大国向核强国的历史转变贡献聚变力量。

▌报送单位：核工业西南物理研究院

1	3
2	4

1 中国环流三号装置实验现场
2 中国环流三号装置内部
3、4 中国环流三号装置真空室维护现场

大型核电站核安全级数字化控制保护系统（和睦系统）

和睦系统是中国广核集团下属北京广利核系统工程有限公司研发的、我国首个具有自主知识产权的核级数字化仪控平台。它的成功研制和应用填补了我国在该领域的空白，使我国成为全球少数几个拥有该技术和业绩的国家之一，是我国装备制造业领域的重大成果。2023年3月25日，和睦系统成功应用于我国西部首台"华龙一号"机组——中广核防城港核电站3号机组。截至2024年初，和睦系统已在国内23台新建核电机组实现规模化应用，并助力多台在役核电机组仪控系统实施改造，全力保障核电安全万无一失。

▌ 报送单位：北京广利核系统工程有限公司

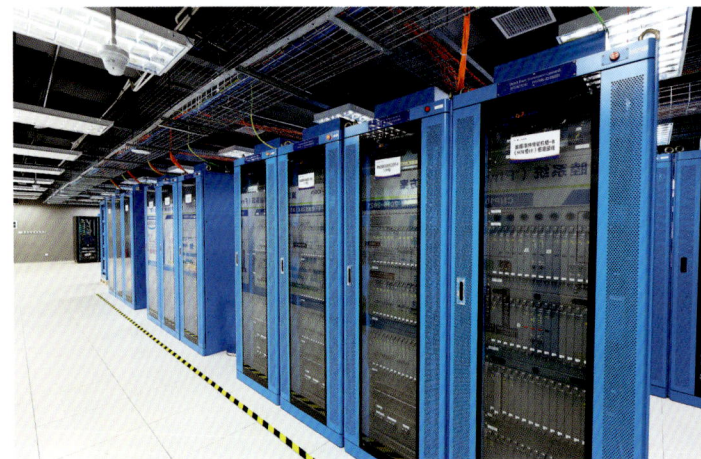

1	
2	4
3	

1 "华龙一号"三代主控室
2、3 和睦系统生产装配集成车间
4 和睦系统典型系统

中广核 CGN

国家科技重大专项：核安全全级数字化仪控系统平台系统测试区

百万等级双机回热二次再热高效超超临界燃煤机组

依托华能瑞金电厂二期扩建工程研制的百万等级双机回热二次再热高效超超临界燃煤机组，主蒸汽参数提升至31兆帕/605℃，再热温度提升至622℃/620℃；汽轮机设计热耗6992千焦/（千瓦·时）。该项目机组较常规二次再热机组汽轮机热耗降低约60千焦/（千瓦·时），热效率提升约0.9%，以年运行6500小时计算，每年可节约标准煤1.35万余吨，减少二氧化碳排放37000吨。该项目采用二次再热双机回热系统，回热抽汽级数增加至12级；首次在1000兆瓦等级二次再热锅炉中采用匹配双机回热系统的受热面布置，实现高效、宽负荷灵活、可靠运行；首次采用立式蛇形管高压加热器，大幅节省了电厂厂房空间和管道长度。两台机组分别于2021年9月23日、2021年12月14日顺利通过168小时满负荷试运行，机组运行可靠，性能指标优于保证值，达到国内同类机组领先水平。

▎报送单位：上海电气电站集团

瑞金电厂百万等级双机回热二次再热高效超超临界燃煤机组

(130/32+225)/10t

±800千伏柔性直流穿墙套管

±800千伏柔性直流穿墙套管于2021年4月23日一次性通过全部出厂试验项目，于2021年6月11日在昆柳龙直流工程柳州换流站极1高端A相成功带电投运，实现了国产特高压柔性直流穿墙套管的工程应用。该项目额定电压±800千伏，额定电流"1042安直流+1472安交流50赫兹+393安100赫兹"，用于柔性直流系统阀体户内外设备的穿墙连接，位于柔直系统的"咽喉位置"，发挥着机械支撑、承受电压、承载电流的作用。该项目解决了交直流复合大电流下的套管电、热耦合结构设计难题，填补了长悬臂、大质量穿墙套管机械设计空白，形成了柔性直流套管全过程工艺控制和质量检验体系。对比进口同类型产品测算，每支套管可节约200万元，技术响应速度可由3天缩短至24小时以内，备品响应速度可由6个月缩短为3个月。该项目的国产化解决了国内直流输电技术"卡脖子"难题，打破了国外垄断的局面，标志着我国在特高压柔性直流穿墙套管方面实现了从无到有的技术突破，提升了"西电东送"主网架自主可控水平，代表着我国在大型高端电力装备研发方面取得了新成果。

▍报送单位：中国南方电网有限责任公司超高压输电公司

	2		
1			
	3	4	5

1　±800千伏柔性直流穿墙套管投运
2　±800千伏柔性直流穿墙套管吊装
3　±800千伏柔性直流穿墙套管阀厅侧
4　±800千伏柔性直流穿墙套管安装
5　±800千伏柔性直流穿墙套管引线安装

郓城630℃超超临界二次再热国家电力示范项目

大唐郓城630℃超超临界二次再热国家电力示范项目是全国"十三五"期间唯一立项的国家电力示范项目，也是目前世界温度最高、压力最高、效率最高、煤耗最低的清洁高效示范智慧电厂，具有较强的示范效应。该项目首次研发高参数1000兆瓦（630℃）超超临界二次再热锅炉、高效1000兆瓦等级二次再热汽轮机，首次应用具有国内自主知识产权的G115新型高温材料，首次研发灵活高效带功率平衡发电机的12级双机回热技术、多介质耦合余热深度利用技术，实现发电效率50%、蒸汽温度达到630℃等技术突破。该项目的设计、研制与建设，将促进我国在高效清洁发电领域质的飞跃，推动发电设备制造业产品体系和技术研发体系的进一步完善。在生产制造方面，全面实现装备制造的升级和更新换代，装备和制造能力达到国际领先水平；在关键零部件配套设备方面，带动自主化完整产业链形成，降低设备成本，实现关键基础材料自主保障；在设计方面，开创630℃超高参数清洁高效燃煤发电机组工程设计先例，对国内外超高参数燃煤发电机组的设计、设备制造、安装、调试以及运行维护起到很好的借鉴作用。该项目的实施对于示范引领全国同行业实施新旧动能转换、实现转型升级具有重要意义。

▌报送单位：大唐郓城发电有限公司

1、2 郓城630℃超超临界二次再热国家电力示范项目建设现场

3 郓城630℃超超临界二次再热国家电力示范项目效果图

"华龙一号"堆型蒸汽发生器

"华龙一号"核电机组是我国具有完全自主知识产权的三代核电技术，对于我国实现核电技术自主可控具有重要意义。蒸汽发生器是核电站的核心设备之一，被称为"核电之肺"。"华龙一号"堆型蒸汽发生器是我国自主创新的技术成果。研制团队完成10余项专项关键技术的研发，10余项工艺试验验证，上百项工艺评定，经过27个月的技术攻关，完成全球首台"华龙一号"蒸汽发生器的研制，标志着我国掌握了一整套"华龙一号"蒸汽发生器的制造技术。经成果鉴定，该项目形成了8项领先于行业水平的先进技术，整体技术水平达到国内领先、国际先进水平。截至2023年，已产生共计36台"华龙一号"堆型蒸汽发生器订单，累计经济效益近50亿元。该项目的成功研制，提高了我国核电装备制造水平，填补了我国自主知识产权的三代核电蒸汽发生器关键制造技术的空白，为我国三代核电技术"走出去"夯实了技术基础。

▎报送单位：东方电气（广州）重型机器有限公司

1 福清核电工程5号机组厂房现场吊装
2 海南昌江核电厂3号机组"华龙一号"蒸汽发生器发运
3 福清核电工程5号机组"华龙一号"蒸汽发生器发运

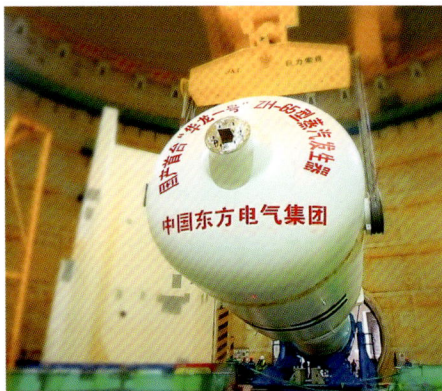

| 1 | 2 | 3 |

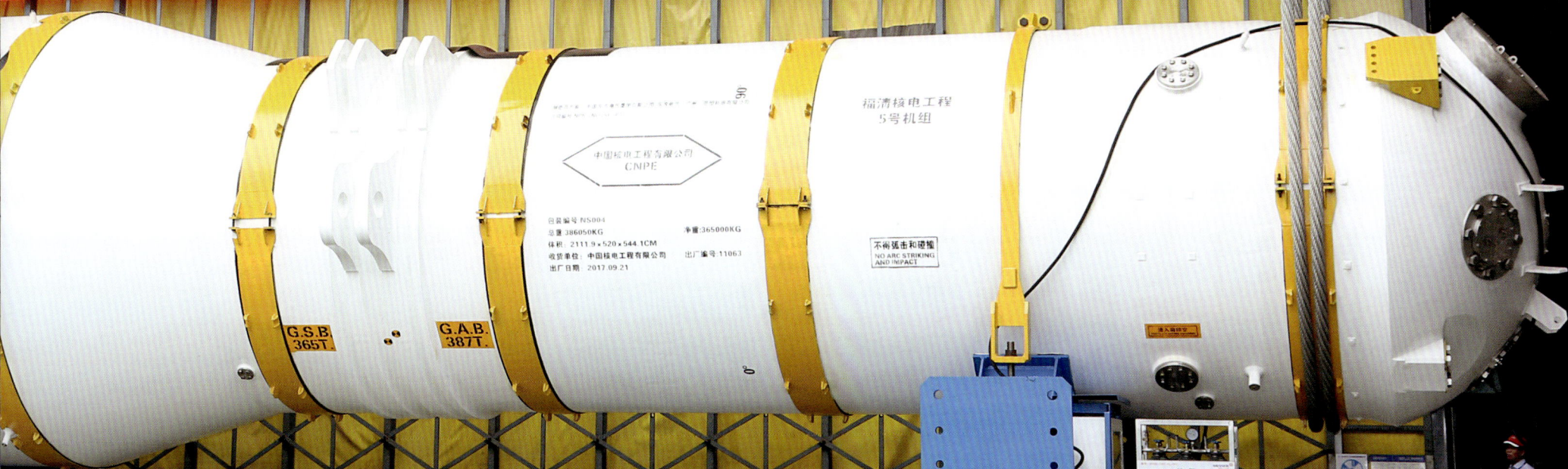

博鳌近零碳示范区光伏项目

博鳌近零碳示范区光伏项目是住房和城乡建设部和海南省共同创建的博鳌近零碳示范区建设项目之一，建设范围涉及可再生能源利用、交通绿色化改造、建筑绿色化改造3个核心减碳领域，项目总投资2.3亿元。该项目于2022年11月开始施工，博鳌亚洲论坛2023年年会开幕前投运。项目涵盖能源、交通、信息化、智慧化等多个领域，构建了光伏发电、微风发电、电化学储能、充电桩等多元素综合智慧能源系统，创新采用国家能源集团自主开发的多维度智慧化能源管控平台，实现能源系统下新能源的高比例渗透及高比例消纳；采用覆盖风、光、储、柔性负荷的光储直柔系统，首创采用先进直流互济模式，实现光储直柔技术优化升级；首次将具备自主知识产权的环境友好、高安全性、长寿命的全钒液流长时储能系统应用于海岛建筑光储直柔系统，推动探索长时储能低碳建筑应用新场景；实现岛内新能源交通工具100%覆盖、停车场充电设施100%覆盖。该项目通过发展"农光互补"，不仅形成了农业收益与能源发电"双赢"的良好局面，且实现了节能减排，为海南博鳌东屿岛提供绿色能源供应。

▌报送单位：国能（海南）新能源发展有限公司

1	
2	4
3	

1 博鳌东屿岛1号停车场
2 东屿岛外农光互补电站
3 全钒液流储能集装箱
4 博鳌亚洲论坛国际会议中心

210千瓦高温燃料电池发电系统

210千瓦高温燃料电池发电系统研发与应用示范项目是广东能源集团主动践行国家创新驱动发展战略，聚焦氢能与燃料电池领域前沿技术，积极布局具有前瞻性、战略性的重大科技项目。该项目于2020年9月启动，实施周期为2020年9月～2022年12月，由广东能源集团科学技术研究院有限公司、潮州三环（集团）股份有限公司联合研制，具有发电效率高（60%以上）、燃料来源广泛（氢气、天然气、煤制合成气）、绿色低碳等优点。该项目主要有以下三个方面的创新点：一是高效清洁的高温燃料电池发电系统示范，实现系统发电效率60%以上；二是高温燃料电池关键技术及关键部件研发，可实现长达数万小时的动态高温且工况复杂的应用，同时为SOFC健康管理提供数据支撑；三是系统集群控制技术研究，解决多系统集群存在的统一管理、协调管理、智能管理等问题，实现系统稳态效率输出最优。该项技术装备的成功开发，突破了关键部件核心技术，自主化率100%。项目培育了高温燃料电池领域上下游重点产业链发展，加快推动能源绿色低碳转型。

▍报送单位：广东能源集团科学技术研究院有限公司

1	2
3	4

1 项目研发控制中心
2 工作人员现场检测
3 高温燃料电池结构组成
4 高温燃料电池发电系统流程

电控组件

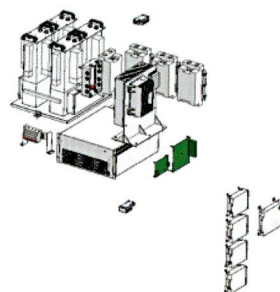

35千瓦系统

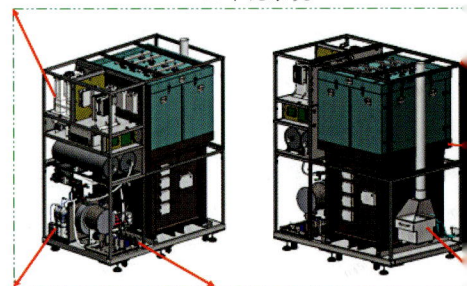

水处理系统

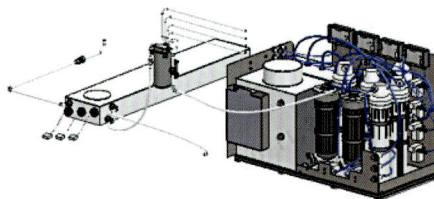

燃气系统

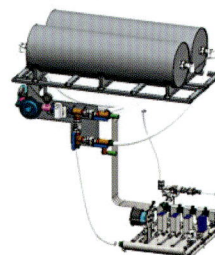

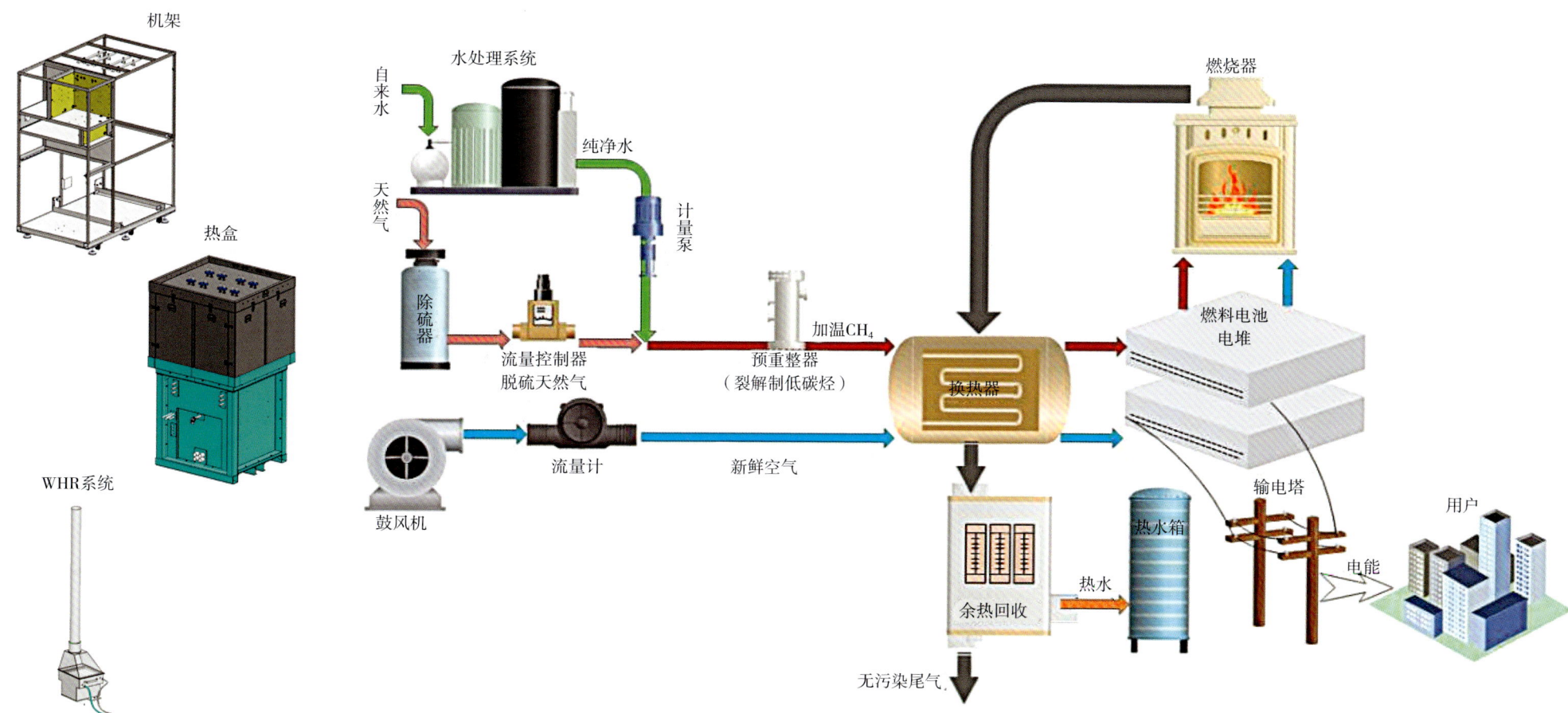

机架

热盒

WHR系统

水处理系统

自来水

纯净水

天然气

计量泵

除硫器

流量控制器
脱硫天然气

加温CH$_4$

预重整器
（裂解制低碳烃）

换热器

燃烧器

燃料电池
电堆

鼓风机

流量计

新鲜空气

余热回收

热水箱

输电塔

用户

热水

电能

无污染尾气

16兆瓦级六自由度风电整机传动实验平台

16兆瓦级六自由度风电整机传动实验平台于2022年6月完工并投产使用，由金风科技自主设计建造，占地60亩。该平台包含电传动系统、液压加载系统、测量系统、环境模拟系统、测控系统、水冷系统、电网模拟系统等多个子系统，是集机械、电气、并网、环境、硬件在环于一体的机电传动综合测试平台，具备六自由度加载能力和电网模拟能力，通过精确模拟风电机组在复杂环境下的运行状况，可以真实复现机组在特定工况下的轮毂中心载荷以及真实并网点的源网交互响应。该平台实现了轮毂中心六自由度全工况机械硬件在环载荷模拟、满足国内国际标准的功率硬件在环的电网模拟、温湿度振动耦合的多应力环境模拟等实验能力，从而引领大型风电机组实验技术研究、设计验证、可靠性评估、故障模拟诊断、新技术实验验证等研究方向，突破风电机组机电传动实验规范和评估标准。该平台可以发现并解决风电设备在运行过程中可能存在的问题，提升设备稳定性和安全性，对于保障风电产业健康发展、维护我国风电行业在国际竞争中的优势地位具有积极作用。

▎报送单位：金风科技股份有限公司

	2
1	3

1　16兆瓦级六自由度风电整机传动实验平台

2、3　16兆瓦整机传动实验平台中的中速永磁机组传动链系统

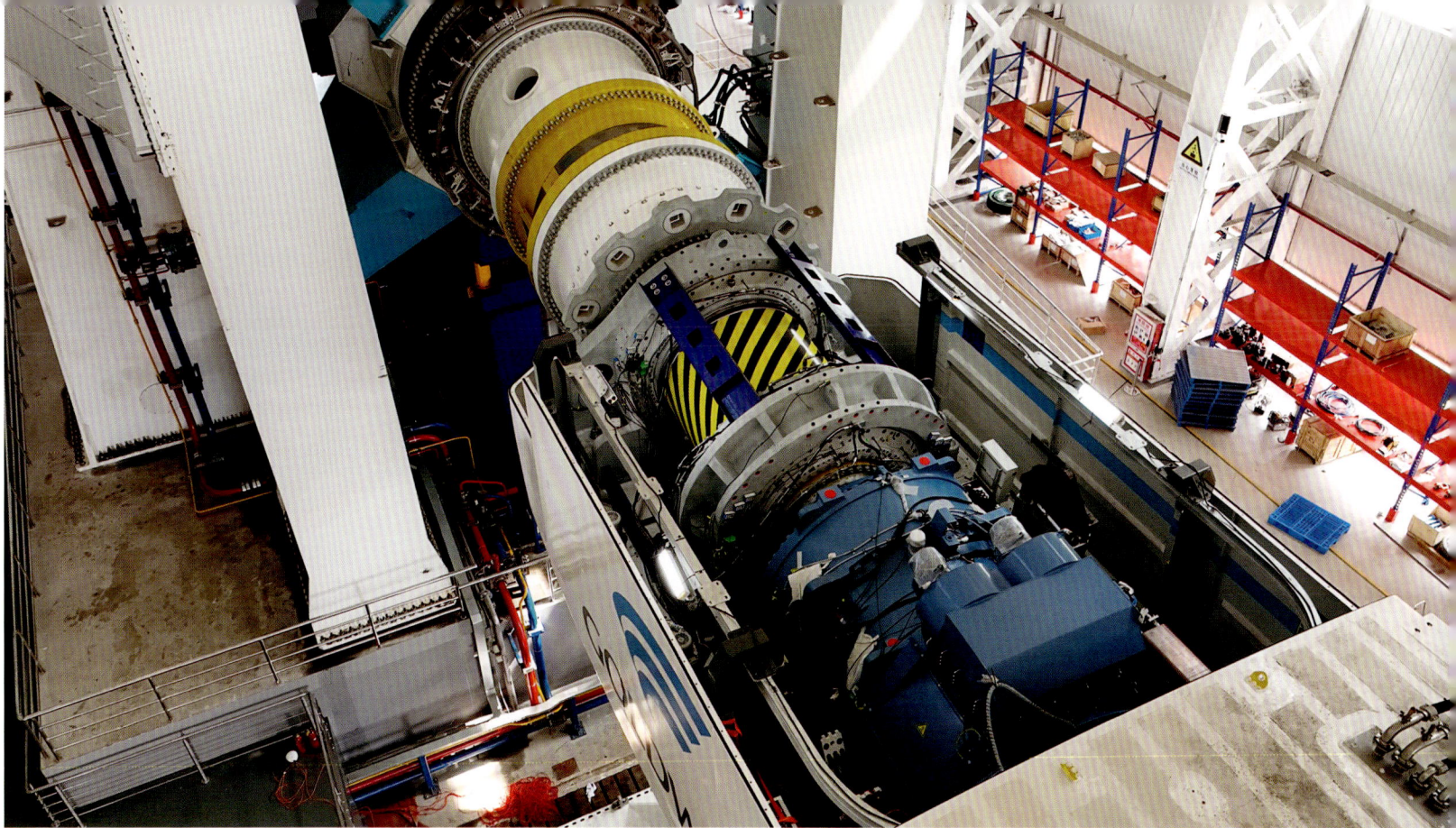

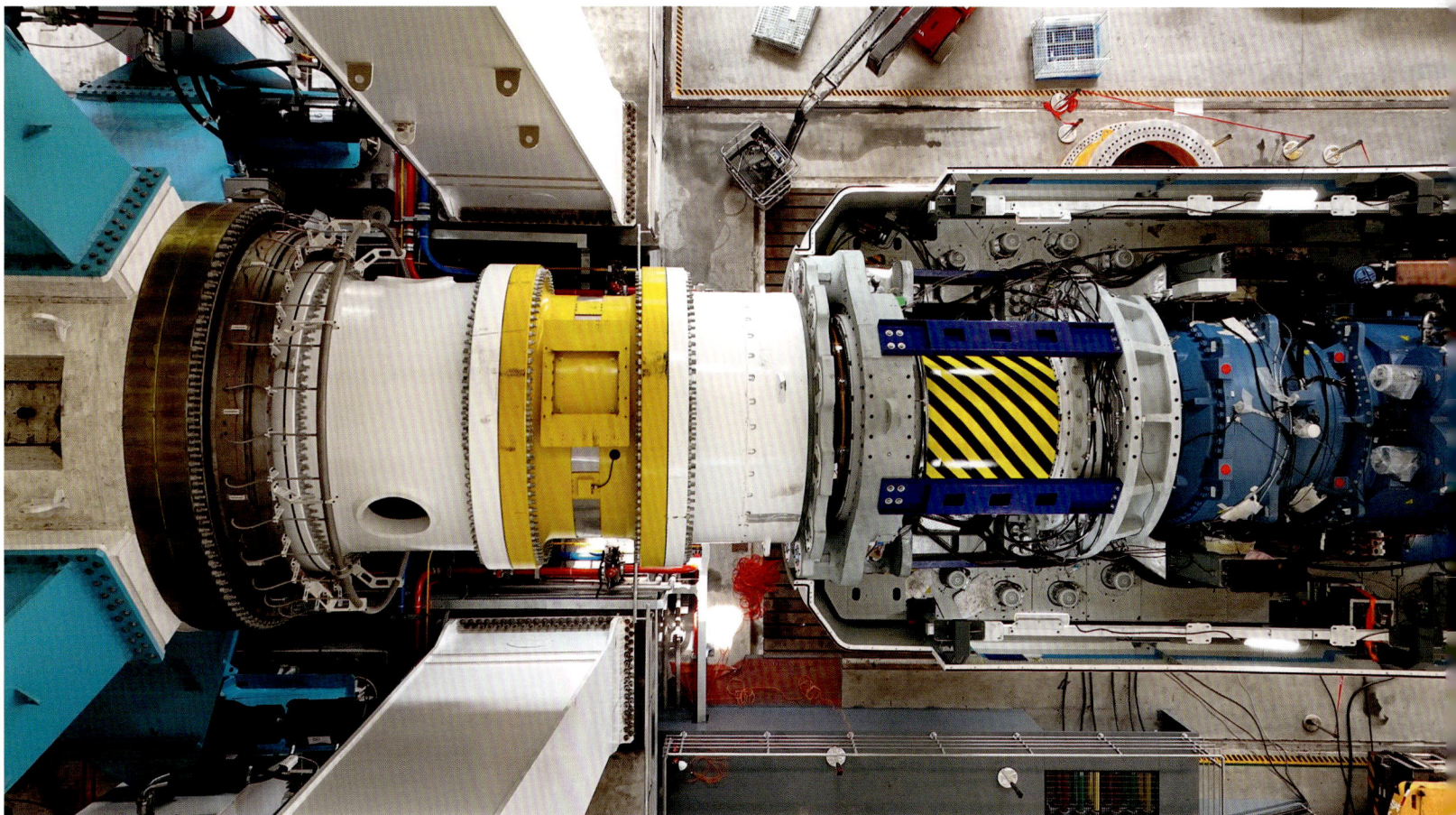

080

申能集团

国家煤电节能减排示范基地

上海外高桥第三发电厂工程位于上海浦东新区，装有2台1000兆瓦国产超超临界燃煤机组。2005年12月26日，该工程开工建设，2台机组分别于2008年3月26日、2008年6月7日建成投产，年发电量约130亿千瓦·时。工程建成后，不仅缓解了上海2002年以来电力供应严重短缺问题，确保了我国东部电网安全，引领了我国火电机组节能减排的潮流。截至2023年，该工程自主研究并实施了23项世界首创技术和5项国内首创项目，获得66项专利授权。2014年10月被国家能源局授予全国唯一的"国家煤电节能减排示范基地"称号。自建成以来，该工程全年平均供电煤耗仅为我国火电厂平均煤耗的82%，相当于电厂18%的发电量为"零能耗""零排放"。该工程投运15年，节约标准煤超过800万吨，与全国平均水平相比，相当于节约了4台1000兆瓦级燃煤机组的全年煤量，减排万余吨二氧化硫、氮氧化物，节能和环保意义重大。该工程在世界上率先冲破280克/千瓦·时最低煤耗整数关口，在世界火电领域树立了"中国标杆"。

▌报送单位：上海外高桥第三发电有限责任公司

1 | 2 / 3 / 4

1 百万千瓦超超临界汽轮发电机组
2 外高桥能源基地
3 国内首个同步建设脱硝百万千瓦机组
4 首创百万千瓦单列式高压加热器

走近大国重器　见证奋进电力
电力行业重大技术装备及工程名录

基于化学链矿化的火电厂
二氧化碳捕集利用装置

基于化学链矿化的火电厂二氧化碳捕集利用装置是国内首套采用化学链矿化技术捕集利用二氧化碳的重大装置。作为传统煤电企业实现减碳降碳的有效路径，二氧化碳捕集、利用、封存（CCUS）技术的有效性和经济性是该技术规模化推广的关键。基于化学链矿化的火电厂二氧化碳捕集利用装置以循环介质溶液（氯化镁）为载体，利用电石渣、钢渣等含钙的工业固废原料或自然界中的硅酸盐矿石，将工业烟气中的二氧化碳通过化学链矿化反应，得到具有经济价值的微米级碳酸钙产品。装置克服了其他CCUS技术路线经济成本高、二氧化碳捕集效率低的难点，实现了传统煤电企业的高效降碳和工业固废的资源化利用，具有较高的经济价值和市场应用价值，并帮助煤电企业摆脱"碳约束"，拓展新的产业发展空间，为传统产业的绿色低碳转型和高质量发展提供了可复制的技术路径。该项目于2023年11月由中国环境监测总站完成项目性能测试报告，2023年12月在中国电力企业联合会组织的科技成果鉴定会上被鉴定为达到国际领先水平。

▎报送单位：国电电力大同发电有限责任公司

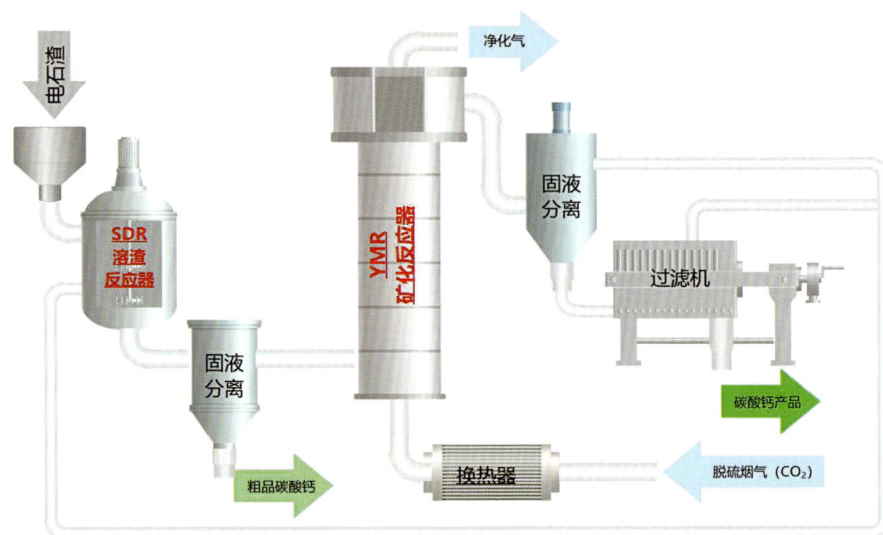

新疆米东350万千瓦光伏项目

新疆米东350万千瓦光伏项目于2024年5月29日并网成功，这是我国单体容量最大的沙漠光伏项目。该项目位于新疆乌鲁木齐北部米东辖区内，处于准噶尔盆地古尔班通古特沙漠南侧边缘，占地面积约20万亩，年可利用小时数1740小时，年发电量60.9亿千瓦·时，相当于300万户家庭一年的用电量。该项目采用"光伏治沙"模式，即融合新能源开发与荒漠化治理，通过板上发电、板下种植、板间养殖、治沙改土等多重功能的整合，结合国家乡村振兴战略，形成光、林、草、药相结合的林沙产业新模式。该项目历时8个月，顺利完成光伏区、4座220千伏升压站、208千米送出线路等建设任务，投运后每年可节约原煤194.88万吨，减少二氧化碳排放607.17万吨，减少烟尘约165.65万吨，减少氮氧化合物约9.1万吨，对助力实现"双碳"目标、加快当地能源结构优化、推动电力市场建设具有重要意义。该项目在建设过程中，除了充分发挥当地自然资源优势外，并积极探索光伏治沙、防风、固草，生态系统保护和修复，构建新能源发电、生态修复、帮扶利民、生态旅游、荒漠治理等多位一体循环发展模式，提高了新能源发电项目适应性和社会收益率，推动了我国东西部区域协调发展，促进共同富裕。

▌报送单位：中国绿发投资集团有限公司

| 1 | 2 | 3 |
| 4 | | |

1-4 新疆米东350万千瓦光伏项目实景

173

电力全谱系 "华电睿" 系列工控产品

中国华电下属国电南京自动化股份有限公司充分发挥科技创新第一动力作用,聚焦能源领域电力工控系统核心软硬件依赖进口的"卡脖子"问题,联合央企、高校、科研院所和用户企业,全面构建应用国产软硬件生态,成功构筑了覆盖水、火、风、光、输变电等电力全谱系、具有完整自主知识产权的国产化电力工业控制系统,包括"睿蓝"分散控制系统、"睿信"水电智能监控系统、"睿风"风电主控及监控系统、"睿思"新能源远程集控系统、"睿智"智能变电站自动化装备。电力全谱系"华电睿"系列工控产品打破了发电系统核心"大脑"受制于人的局面,先后实现12个"国内首次"示范应用,累计完成示范及推广应用近300台(套),装机容量超2000万千瓦,形成了可复制、可推广的自主可控技术路线,实现"攻关一批、示范一批、推广一批"的发展格局,有效解决电力工控系统存在的"断供"风险、安全"漏洞",有力提升能源领域国产核心控制装备的自主创新水平,为全力保障国家能源安全、促进能源电力产业链、供应链、补链、固链、强链作出积极贡献,为我国发电控制领域关键核心技术攻关树立了良好的示范样板。

报送单位:国电南京自动化股份有限公司

1 "睿蓝"maxCHD-GT100重型燃气轮机控制系统(TCS)
2 "睿蓝"分散控制系统(DCS)
3 "睿智"国产化智能变电站自动化装备
4 "睿思"新能源远程集控系统

```
1 | 2
      4
    3
```

线路保护

变压器保护

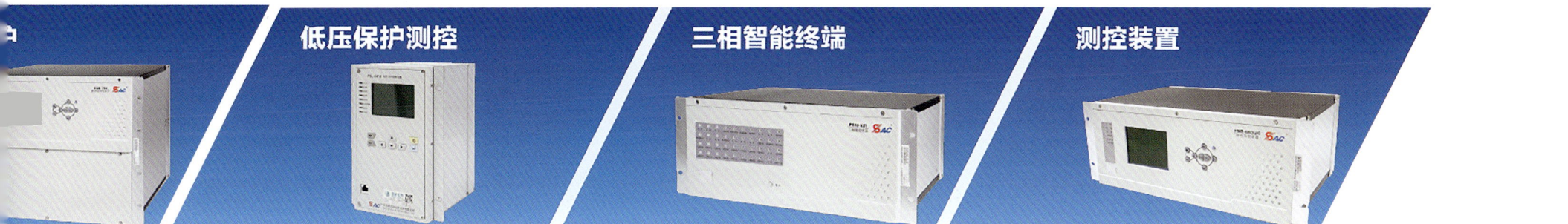

低压保护测控　　　三相智能终端　　　测控装置

高原山地百万千瓦风电基地

2023年12月23日，国内规模最大的高原山地百万千瓦风电基地建成。该项目位于云南省文山壮族苗族自治州丘北县，平均海拔2210米，总机位数310个，总装机规模110.3万千瓦。该项目分三期建成，一期9.9万千瓦、二期14.4万千瓦、三期86万千瓦，年上网电量26亿千瓦·时。该项目按照"五位一体"工作思路，强化"全员+全过程"达标创优意识，落实技术先行战略，聚焦合理化建议、QC小组、技术攻关、技术革新4个方向、10个课题进行攻关，备案立项科研课题3项。项目在"样板工程""样板仓"工程建设中创新打造智能化管控作战指挥室，形成指挥、管理和现场联动的工程全过程化智能管控，建成了在文山州乃至云南省具有示范效应的绿色零碳、新能源数字化智慧化中心，刷新了高原风电基地升压站建设及并网速度的纪录，在高原山地风电建设方面取得了突破性进展。随着项目的全面投产，每年预计可节约标准煤80.65万吨，减排二氧化碳216.5万吨、二氧化硫约416.28吨、烟尘约83.26吨，按照家庭年用电量2400千瓦·时核算，可为108万户家庭提供一年用电量。在建设期、运维期为项目所在地提供近4000个就业岗位，有效缓解了云南省能源供需"紧平衡"，助力云南打造绿色能源强省，大力推动当地社会经济高质量发展。

▌报送单位：大唐云南发电有限公司滇东新能源事业部

1 ┃ 2

1 高原山地百万千瓦风电基地建成仪式现场

2 高原山地百万千瓦风电基地全景

"睿渥" 全国产系列化发电控制系统

"睿渥"国产系列化发电控制系统包括火电DCS、水电计算机监控系统、风电控制系统、光伏监控系统等。该系统是中国华能面向国家能源安全重大战略需求开发出的我国首套全国产发电控制系统,并迅速在全国火电、水电等领域实现了规模化应用。该系统采用全国产高可靠实时控制器技术、全国产高精度I/O模件技术,首次提出了全国产现场总线软硬协同设计方法,设计了发电控制系统"冗余启动—动态运行"终端可信方法,提出了发电控制系统"双向、双因子"认证的可信数据安全传输技术,成功研发涵盖90%以上发电类型的系列化产品,形成了电力系统自主可控核心控制底座。该系统解决了发电控制系统"卡脖子"断供威胁和预置后门风险,实现了从外围被动安全到内生主动安全的跨越,系统性地解决了多元化网络攻击形式对发电控制系统带来的安全挑战,切实提高了我国发电控制系统在极限情况下的底线生存能力;实现了超百万片国产芯片在发电领域的大规模工业应用,加快了国产生态的成熟与产业链良性发展,保障了电力基础设施安全稳定。

▌报送单位:中国华能集团有限公司

```
1 | 2
  | 3
  | 4
```

1 华能睿渥DCS控制柜、控制器、I/O模件
2 华能睿渥DCS玉环投产现场
3 华能睿渥瑞金DCSDEH一体化投产
4 华能睿渥光伏监控系统

热烈祝贺
我国首台百万机组全国产DCS
在华能玉环电厂成功应用！

热烈祝贺
1号机组1055MW
增容提效改造成功并网！

热烈庆祝华能秦煤瑞金电厂3号机组168小时满负荷试运行圆满成功

热烈庆祝国家首台套重大技术装备全国产DCS/DEH一体化项目顺利投产

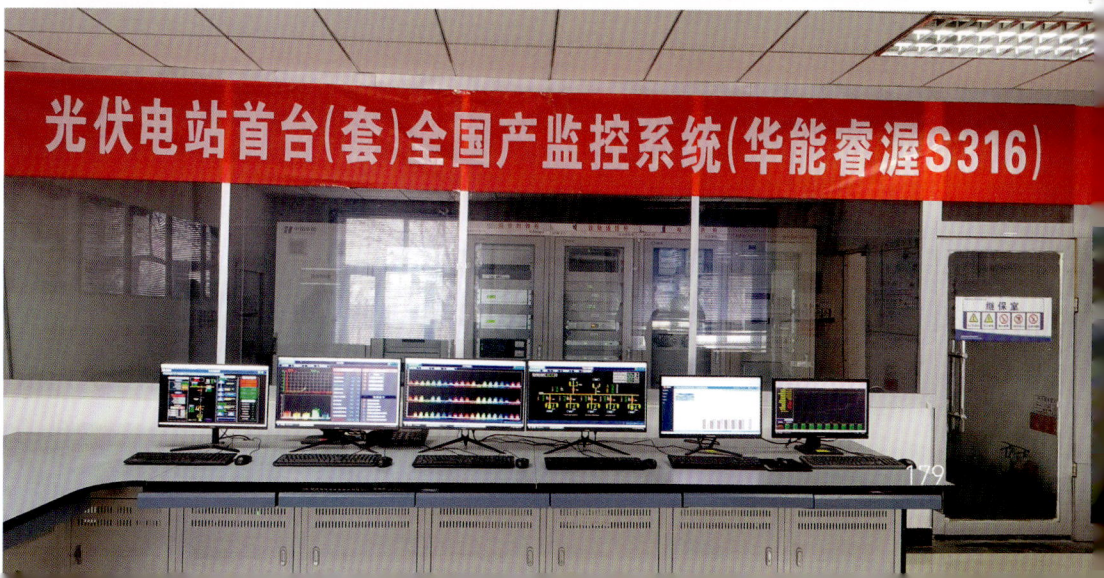

光伏电站首台(套)全国产监控系统(华能睿渥S316)

拉西瓦水电站

拉西瓦水电站位于青海省贵德县与贵南县交界的黄河干流上，平均海拔2200米，是黄河上游龙青段规划中第二座大型梯级水电站。电站坝高250米，水库正常蓄水位2452米，单机容量70万千瓦，总装机容量420万千瓦，总库容10.79亿米^3，是黄河上游建设难度最大、大坝最高、装机容量最大、单位千瓦造价最低、发电量最多的水电站。拉西瓦水电站于2003年11月开工建设，2009年4月首批2台机组投产发电。2010年8月5台机组投产发电，2021年12月28日实现全容量并网。拉西瓦水电站从混凝土开仓浇筑到下闸蓄水、投产发电所用时间为同类型水电站最短，其中，750千伏高等级出线电压、250米高差800千伏气体绝缘管道母线均为当时世界之最。该水电站建成后成为"西电东送"北部通道电源建设的重点工程、"青豫直流"特高压工程的主要水电电源点，承担着西北电网调峰、调频和事故备用的重任，是西北电网750千伏网架的有力支撑，是实现西北水火电"打捆"送往华北电网的战略性工程。在改善青海省能源结构、保证西北电网安全稳定运行、满足电力增长需求和促进地方经济社会可持续发展等方面发挥了积极作用。

▌报送单位：青海黄河上游水电开发有限责任公司拉西瓦发电分公司

```
          3
1  |  2  | 4 | 5
```

1 拉西瓦水电站大坝

2 拉西瓦水电站主厂房发电机层

3 拉西瓦水电站库区全景

4 处于主汛期的拉西瓦水电站

5 拉西瓦水电站拉官线与拉宁线管母

景洪水力式新型升船机建设关键技术

景洪水力式新型升船机建设关键技术研究历时15年，依托20余项国家级、省部级及企业攻关项目研究，通过基础理论、设计方法、制造安装、调试运行等方面的系统研究，突破了传统电机驱动式升船机在运行可靠性和安全保障方面的技术缺陷，成功实现了具有我国完全自主知识产权的水力式升船机从概念模型到工程应用的转换，形成了水力式升船机建设及运行成套技术，在世界高坝通航领域创造了中国品牌，显著提升了我国在该领域的国际影响力。该技术获得专利38项，其中发明专利17项，美国PCT国际发明专利1项，获科技成果推广1项、施工工法1项，发表专著3部、代表性论文48篇。该技术现已成功应用于澜沧江景洪水力式升船机工程，并先后在西江那吉、澜沧江景洪、乌江一线沙坨、沅水拓口、清水江白市升船机方案比选中得到应用。经核算，水力式升船机建设成本比钢丝绳卷扬式升船机减少20%，比齿条爬升式升船机减少50%。景洪500吨级水力式升船机建成通航，打通澜沧江—湄公河这一我国西南方向最重要的出海水运通道，促进了我国与东南亚各国沿岸经济和社会发展。

▌报送单位：华能澜沧江水电股份有限公司景洪水电厂

1 | 2 | 3

1、2 升船机外观

3 升船机内景

景洪水电站水力式升船机饱和运行试验

世界首创　中国原创

"氢腾"燃料电池

国家电投集团氢能科技发展有限公司以"自主化、高性能、低成本"为产品研发目标，聚焦氢燃料电池核心技术自主化研究，大力开展氢能领域关键材料与"卡脖子"技术攻关，攻克高效水热管理、高精度密封成型、系统有机集成及综合能量管理等技术难题，开发了系列化"氢腾"水冷型燃料电池产品。基于自主化抗反极膜电极、高耐久钛基金属双极板和高性能电堆设计，于2022年推出水冷型燃料电池电堆及水冷型燃料电池动力系统；攻克燃料电池轻量化、飞行动力匹配等技术难题，完成无人机用"氢腾"空冷型燃料电池产品开发，研制出多种型号产品，可覆盖无人机、观光车、轻型物流、叉车等应用场景。"氢腾"燃料电池分为发电、热电联供两个产品系列，可广泛应用于住宅、商业、工业等场所或热电联供、"电—氢—电"储能调峰、备用电源等电力供应领域。"氢腾"燃料电池自投入应用以来，在道路交通、航海、航空等领域累计行驶里程超1500万千米，累计减少二氧化碳排放超10000吨，社会效益显著。

▌报送单位：国家电投集团氢能科技发展有限公司

	2
1	3
	4

1 "氢腾"100兆瓦燃料电池发电装置FC-PS100
2 "氢腾"120兆瓦车用水冷燃料电池系统FCPS-C120
3 "氢腾"150兆瓦水冷燃料电池电堆FC-ML150
4 "氢腾"3.0兆瓦空冷燃料电池电堆FC-MA 3.0

走近大国重器　见证奋进电力
电力行业重大技术装备及工程名录

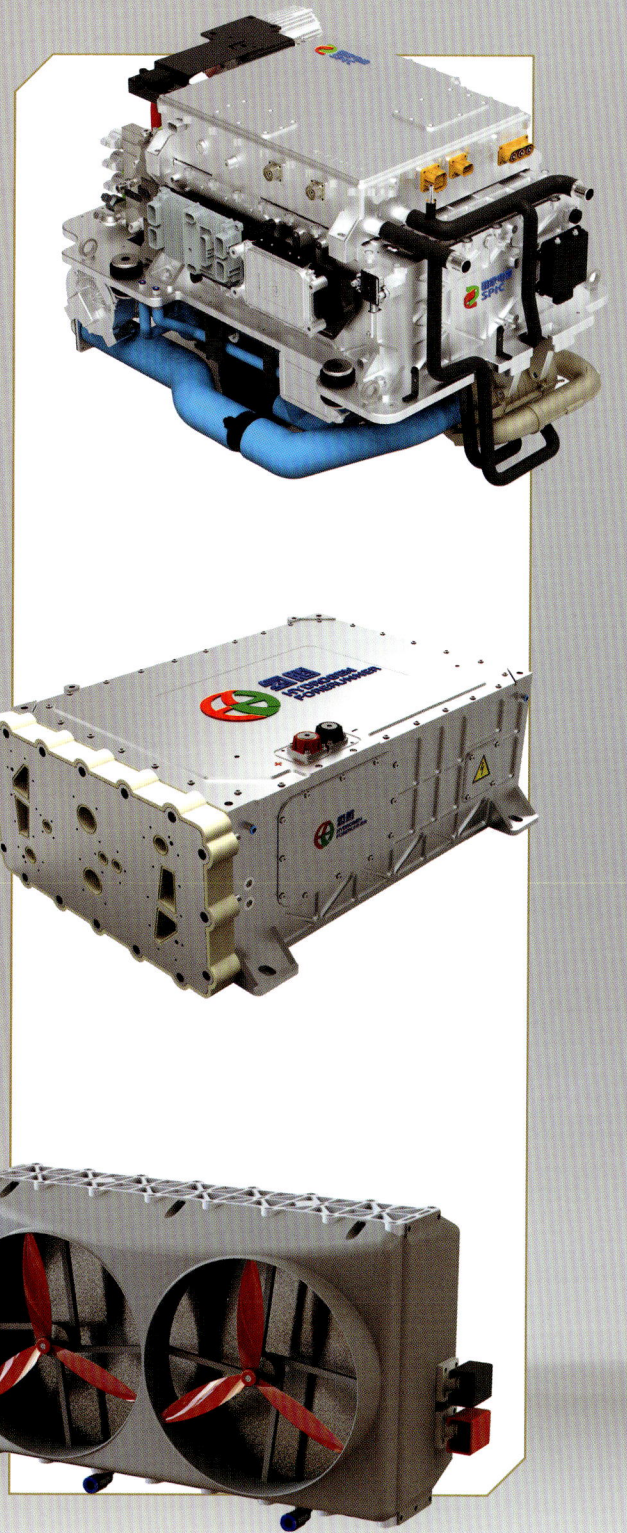

海上自升式作业平台半浮态作业方法

海上自升式作业平台半浮态作业方法由华电重工股份有限公司研发，旨在解决海上风电安装过程中的技术难题，特别是解决在深厚淤泥质海床和深水区域的自升式风机安装船风机安装作业的难题。该方法通过创新的半浮态施工方法，允许自升式平台在不完全升起船体（桩腿入泥、船体不脱离水面）的情况下，实现风机安装所要求的"静对静"的吊装状态，从而有效应对海上风电机组设备安装的高安全性和高质量要求。该方法的核心在于通过自研方法确定半浮态作业条件，绘制桩腿载荷曲线，制定船体升降计划，并在实际作业中精确控制船体吃水，使其保持在安全范围内。该方法首次实现了在复杂海洋环境下的精准施工，显著提高了作业效率和安全性，降低了施工风险。该方法已在多个海上风电项目中得到成功应用，不仅验证了技术的可行性，还展示了其在不同海域条件下的适应性和高效性，产生了显著的经济效益和社会效益，推动了海上风电行业的技术进步和可持续发展。

▎报送单位：华电重工股份有限公司

1	
2	4
3	

1、2、3　长德号半浮态施工现场
4　华电1001半浮态施工沉桩

超超临界全机组DCS、DEH系统
100%自主可控改造

大唐南京发电厂2号机组原使用进口DCS、DEH控制系统，已运行近11年。为解决核心技术"卡脖子"问题，进一步提升机组效率，大唐南京发电厂汇集多方力量，国内同类型机组率先开展DCS自主可控项目改造。该项目采用我国完全自主设计、具备完全自主知识产权的NT6000 V5自主可控DCS系统，完全替代进口控制系统，并通过中国自动化学会发电自动化专业委员会（CAA）DCS系统整体性能测试，达到行业先进水平，实现国内超超临界机组DCS、DEH，ETS、MEH、METS系统一次性全国产化完整替代。NT6000 V5系统在自主可控基础上，基于大数据分析、人工智能、线控技术等技术应用，拓展了智能预警、设备诊断、燃烧优化、一键控制等智能控制应用，以机器逐步替代人工实现智能监盘，大幅降低运行操盘工作量。为解决核心技术"卡脖子"问题，进一步提升机组效率，大唐南京发电厂汇集多方力量，国内同类型机组率先开展DCS自主可控项目改造。该项目投运至今，系统运行稳定可靠，控制性能优良，并在徐塘电厂、托克多电厂等火电厂推广应用，为各类火电机组进行国产化改造提供了宝贵经验和参考借鉴。

▌报送单位：大唐南京发电厂

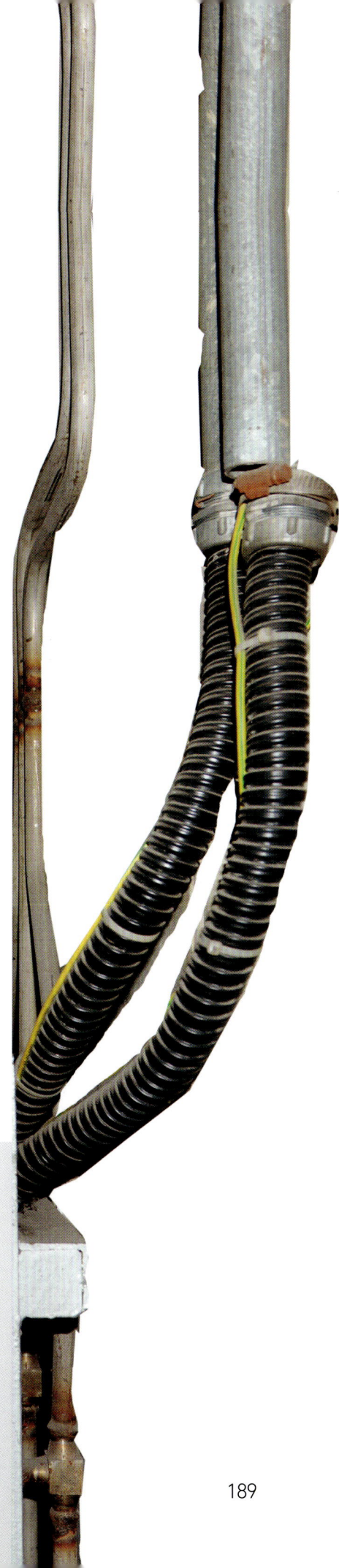

1 | 2
3
4

1 现场核对2号机组测点信号与操作界面

2 热控人员检查2号机组E磨、F磨、EF油控制柜接线

3 热控人员学习讨论DCS逻辑组态操作方法

4 2号炉FSSS柜内保护测点接线

内蒙古电力集团

基于构网型技术创新构建的广域纯新能源电力系统

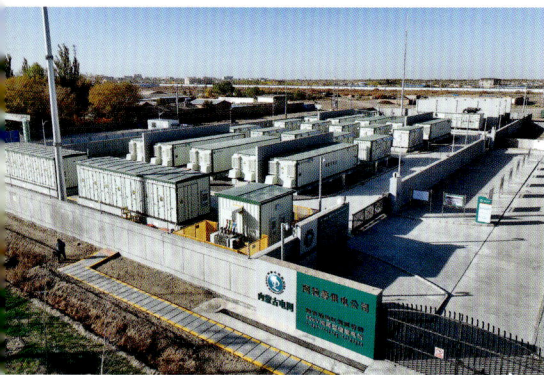

内蒙古电力集团投资建设额济纳"源网荷储"一体化示范工程，以构网型储能代替常规稳定电源，构建5场—17站—25条输电线—77条配电线的广域纯新能源电力系统。创新开展国内首例广域纯新能源黑启动试验、中长期离网运行试验、离网状态下短路故障穿越试验，系统性检验了构网型储能系统支撑广域大电网安全稳定运行的基础理论、技术装备、控制策略和数据传输方案的正确性。该示范项目有效打破了传统电力系统对常规旋转机组的依赖，在无常规支撑电源、源荷双随机波动、稳定电源不能覆盖全额负荷供电需求的条件下，通过人机协同控制，实现了广域纯系统的无缝并离网切换及离网中长期安全稳定可靠运行。成功攻克了高比例新能源电力系统电量平衡、频率电压控制困难、系统安全稳定性差等多项关键难题，开辟了构网型储能技术在新型电力系统中提升电网短路容量、改善系统转动惯量、优化频率电压控制、提供故障穿越支撑等全新应用场景。

▍报送单位：阿拉善供电公司、南京南瑞继保电气有限公司

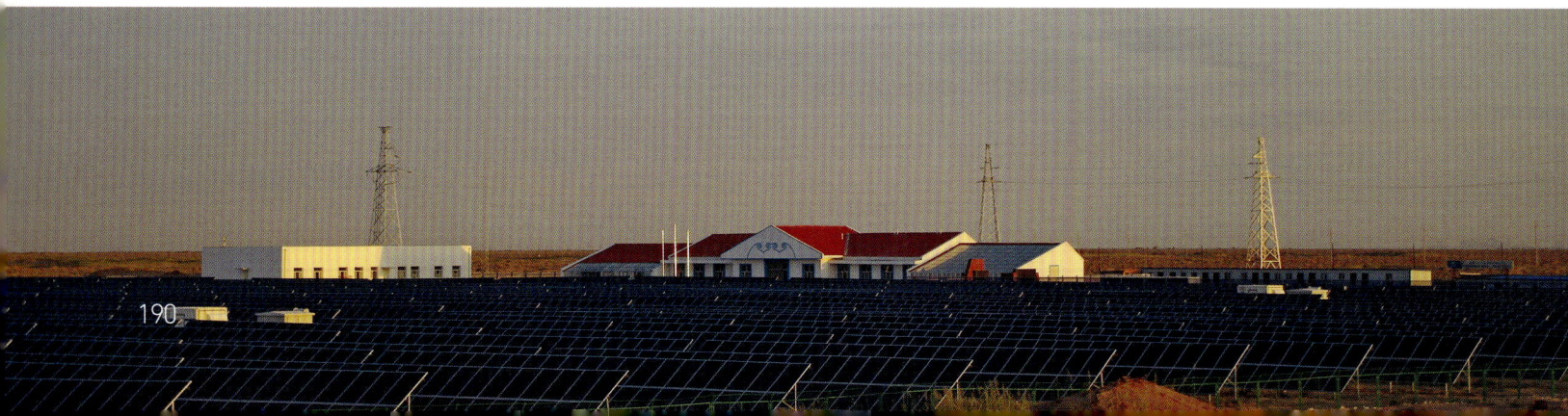

新型电力系统数字仿真平台 DSP

新型电力系统数字仿真平台DSP（Digital Simulation Platform），由南方电网科学研究院有限责任公司历时十余年自主研发，攻克了交直流大电网潮流收敛、直流输电系统精确建模等难题，构建了物理电网的数字电网孪生模型，通过在数字孪生电网中进行仿真和推演，掌握系统运行特性，揭示系统运行风险，确定系统规划方案与运行控制策略。该平台包含安全稳定分析、电力电量平衡、电力市场模拟三大版块，同时构建数据管理平台、计算分析云平台两大基础支撑平台，从规划建设、运行控制到实时调度，全方位满足新型电力系统数字仿真需求。该平台已全面应用于南方电网调度运行，先后支撑昆柳龙直流、菲律宾MVIP等国内外重大电网工程的仿真分析，先后为电力规划设计总院、清华大学等40多家单位提供现代电力系统数字仿真解决方案。该平台为新型电力系统提供了基础的仿真工具及平台，为规划、调度及运行提供了重要的支撑，有效解决了因仿真精度不足而扩大运行安全裕度所带来的新能源弃风弃光等问题。

▎报送单位：南方电网科学研究院有限责任公司

	2	
1		3

1　团队人员工作现场
2　DSP算法流程图
3　在国际数字能源展上分享新型电力系统数字仿真平台DSP项目

电力电量平衡　　安全稳定分析　　运行控制策略

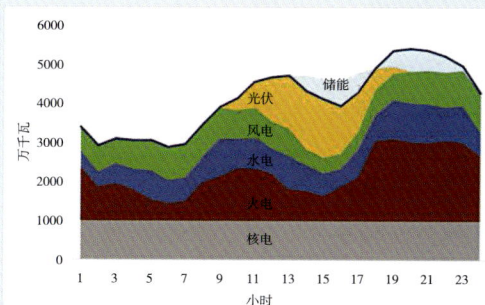

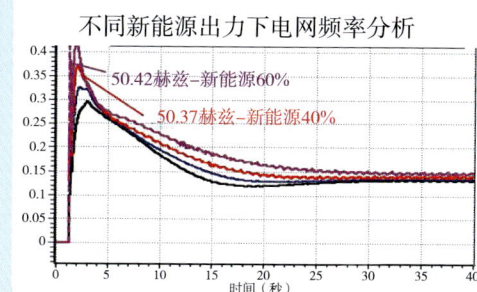

不同新能源出力下电网频率分析

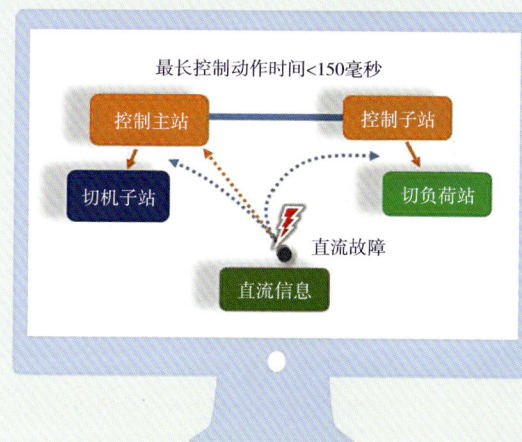

最长控制动作时间<150毫秒

新型电力系统数字仿真平台DSP

中国南方电网
CHINA SOUTHERN POWER GRID
SEPRI 南方电网科学研究院

安全稳定分析

软件功能：

◆ 潮流计算　　　　　◆ 短路电流计算
◆ 机电暂态仿真　　　◆ 电磁暂态仿真
◆ 机电——电磁暂态混合仿真

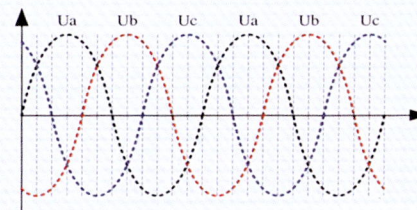

➤ **计算规模超10万节点**：满足高比例电力电子接入的新型电力系统仿真分析需求。

➤ **强大的建模能力**：拥有强大的直流输电、风光新能源发电**建模能力**，兼容BPA、PSS/E 等主流软件，适应多类型电力用户。

➤ **仿真准确度经南方电网长期生产运行验证。**

哈密熔盐塔式5万千瓦光热发电项目

哈密熔盐塔式5万千瓦光热发电项目位于哈密市伊吾县淖毛湖镇境内，规划占地面积6600亩，装机容量5万千瓦，项目总投资约16亿元，年发电量约2亿千瓦·时。该项目于2017年10月19日正式开工建设，2019年12月29日实现首次并网发电，2021年6月18日实现月夜连续并网发电，2021年9月5日实现满负荷运行，2021年9月27日实现240小时连续发电，2021年11月15日通过国家验收，2022年4月正式移交生产，同年发电3613万千瓦·时，2023年全年发电量达5704万千瓦·时。该项目于2016年9月13日被国家能源局确定为国家第一批光热发电示范项目，是新疆唯一入选的光热发电项目。在施工创新方面，该项目实施了吸热器整体滑移技术；研究并实施超重吸热器设备重量超高整体安装技术；研究并实施高精度定日镜附属立柱坐标测量技术；实现了五边形定日镜安全转运、安装及单体调试。在技术创新方面，该项目创新采用聚光集热场布置、熔盐罐基础工艺及低位布置、吸热塔混合结构设计等多项技术。该电站设计发电量可实现年供电量可供24万人一整年的生活用电，相当于每年节约标准煤6.19万吨，减排二氧化碳15.48万吨。

▌报送单位：中国能源建设集团投资有限公司

	3	4
1		2

1 定日镜正常工作时的场景
2 定日镜不工作时的状态
3 定日镜处于"清洗"时的场景
4 哈密解盐塔式5万千瓦光热发电项目全景

中国能建

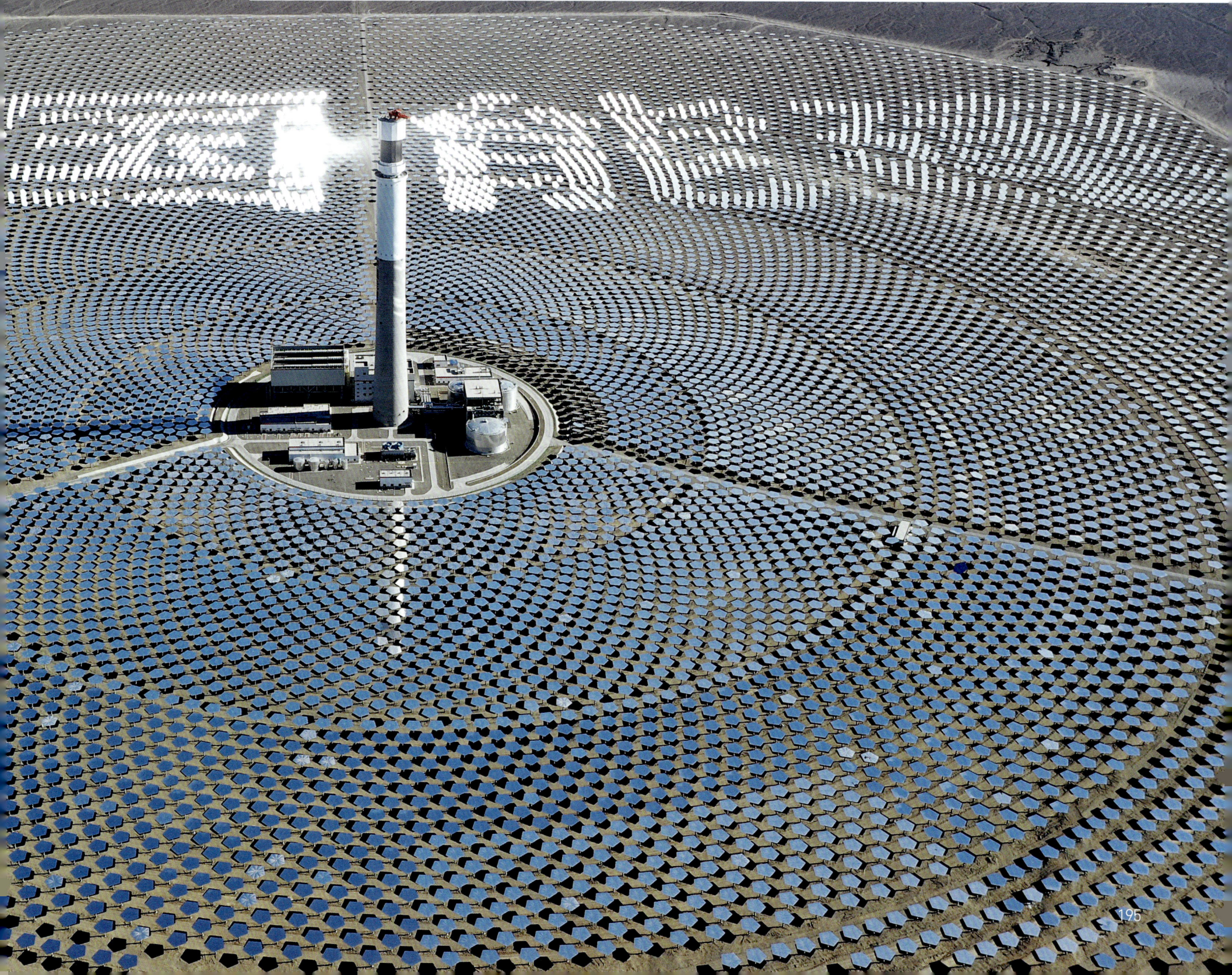

安徽平山电厂二期工程 1×1350兆瓦超超临界燃煤发电机组

申能安徽平山电厂二期工程位于安徽省淮北市烈山区，建设运营1台1350兆瓦超超临界燃煤发电机组，是目前全球单机容量最大、能耗最低的清洁燃煤机组。该工程机组采用国际首创的高低位双轴布置二次中间再热汽轮发电技术，同时采用广义变频的给水泵汽轮机轴系技术、广义回热等一系列具有申能自主知识产权及专利的创新技术，设计性能试验供电煤耗251克/（千瓦·时），额定工况下实际供电煤耗249.31克/千瓦·时，刷新全球燃煤机组供电煤耗最低纪录，大幅提高了能源利用水平，同时具备20%电负荷深度调峰能力，可为电网提供有力的宽负荷调节支撑，环保指标达到超净排放标准。该工程投产以来，机组运行安全稳定，未发生一般及以上安全事故和重大设备事故，各项环保排放指标优良。由于机组本身具备良好的调峰能力，可长时间承担深度调峰任务。作为国家示范工程，该工程机组先进的设计理念和创新技术领先于同类型机组，具有广阔的推广应用前景，可有力促进我国燃煤发电行业转型发展，对于引领我国煤电行业走向高效清洁绿色低碳发展具有示范作用。

▎报送单位：淮北申能发电有限公司

1	2	3
4		

1 平山电厂二期工程全景
2 低位发电机穿转子
3 系统汽轮发电机
4 变频发电机

协鑫集团 **FBR颗粒硅**

FBR颗粒硅是协鑫集团有限公司旗下港股上市公司协鑫科技控股有限公司的核心"黑科技"产品之一。作为多晶硅材料的一种，FBR颗粒硅具有单位投资低、运营成本低、碳排放低，品质高的优势。相较于传统改良西门子法生产的棒状多晶硅，硅烷流化床法（FBR）生产颗粒硅过程减少了多个高能耗环节，使其整体生产能耗大幅降低，每公斤单位电耗仅为棒状多晶硅的1/4。以第一性原理来看，FBR颗粒硅相较于棒状硅具有无可超越的优势。在未来较长时间内，各行各业将面对电力供应间歇性短缺风险，或对生产稳定性与新增产能落地带来较大影响。较改良西门子法，FBR颗粒硅技术凭借能源和资源消耗更低、用地面积更小、用工总量更少等多项优势，产能投放具有更高的自由度和灵活度，在地域选择、能源供应、人才保障等方面更具独特优势。FBR颗粒硅具有低碳排放的价值优势：一是为下游客户带来更低的组件碳足迹，实现越来越多细分市场的产品溢价，达到部分国际市场的准入门槛；二是在全球减碳的背景下，长期的电力供应短缺与电价上涨趋势下，低能耗意味着支持更高的稼动率、获得更低的成本和更多的政策。

▌ 报送单位：协鑫科技控股有限公司

1 | 2 | 3
4

1、3、4　FBR颗粒硅

2　协鑫科技宁夏中卫5GW颗粒硅应用示范基地生产车间

湖北应城300兆瓦压缩空气储能电站示范工程

湖北应城300兆瓦压缩空气储能电站示范工程是世界首座并网发电的300兆瓦级压缩空气储能电站。该工程利用湖北云应地区废弃盐矿洞穴作为储气库，打造了一个巨大的"绿色超级充电宝"——建设规模300兆瓦/1500兆瓦·时，总投资约19.5亿元，单机功率300兆瓦级，储能容量达1500兆瓦·时，系统转换效率约70%，每天蓄能8小时、释能5小时，可为电网提供36万千瓦·时，全年储气量达2.3亿米^3、发电5亿千瓦·时，相当于用免费空气转化了75万居民一年的用电量。该工程利用应城地区废弃盐矿作为储气库，实现了项目关键核心技术装备100%国产化，攻克了工艺系统集成、地下储气库建造、关键装备研发等诸多难题，形成了该领域的自主知识产权和标准体系，研发了一系列国际首创技术和配套产品。该工程在300兆瓦非补燃压缩空气储能领域，创造了3项世界纪录和6个行业示范，并且实现了数十项国际首创、全球首次突破。项目的建成可有效应对新能源发电的波动性、间歇性、随机性，对湖北省电网安全稳定运行和省内新能源消纳发挥了积极作用。

▌报送单位：中能建数字科技集团有限公司

1	2
3	

1　湖北应城300兆瓦压缩空气储能电站全景

2　湖北应城300兆瓦压缩空气储能电站厂区

3　湖北应城300兆瓦压缩空气储能电站高效阵列式蓄热换热器

新型配用电系统直流电器
关键技术研发及产业化

新型配用电系统直流电器关键技术研发及产业化满足了风电、储能、充电桩等新能源直流系统的需求。2极1500伏直流塑料外壳式断路器、直流框架式隔离开关作为该技术产业化产品，真正实现了小体积、低升温、高电压、高分断能力。断路器采用上下结构布局、卧式操动机构、双气口设计、双向等电位引弧、消游离屏蔽电位等设计，使产品各项指标，处于国际先进水平；额定极限短路分断能力达到50千安；额定运行短路分断能力达到20千安；单极短路分断能力达到5千安。隔离开关通过串联堆叠灭弧技术、间隔消游离组件等技术，大大提升了隔离开关灭弧系统单位体积灭弧能力；实现了两极结构下的安全切断和可靠灭弧，使用类别DC-23，额定短时耐受电流达到100千安/秒，额定极限短路接通能力高达100千安，达到国际先进水平。该技术产业化产品已应用于新能源储能系统、光伏系统、数据中心与通信基础等直流系统。

▎报送单位：巨邦集团有限公司

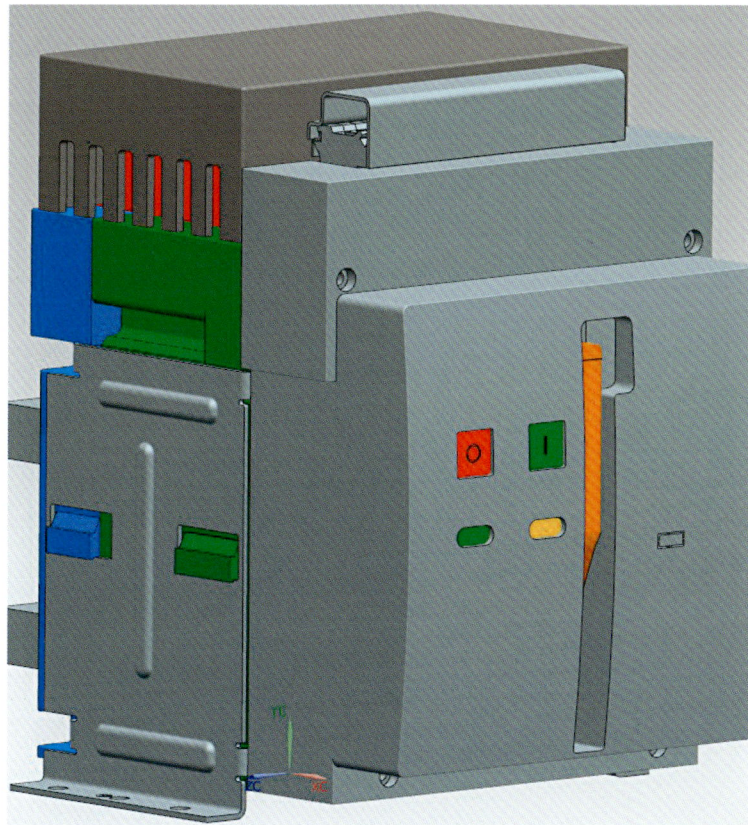

1 | 2 | 3 | 4
5

1、2 成套产品生产车间

3 两极框架隔离开关

4、5 两极塑壳直流断路器

正泰集团

大容量中压柔直变流系统

正泰集团股份有限公司与清华大学合作开发，成功研发了大容量中压柔直变流系统。其中，中压柔直换流阀是此系统的核心设备，可实现交流电与直流电的转换，并灵活控制电压、电流、无功功率和有功功率的输出与输入，主要应用于柔性直流配电网构建及配网柔性互联领域。大容量中压柔直变流器采用国产先进的IGCT-Plus功率器件，实现自主可控；采用模块化多电平换流器（MMC）技术，在原理上克服了传统两电平/三电平技术路线的缺陷；采取高紧凑型设计，具有高性能、高效率、低成本、少占地等特点，满足各类使用条件；实现远距离、大规模电力传输，并能在高电压、大电流、强电磁场环境下稳定工作，解决了散热、电压尖峰抑制、电磁兼容等问题；采用多种创新技术应用，如数字孪生、高级能量算法等技术，确保电网平稳运行，并有效降低碳排放，推动电网技术和装备制造产业绿色升级。中压柔直换流阀不仅适用于风电并网、电网互联、城市供电等场景，且随着技术发展，其应用范围将进一步扩大。

▍报送单位：正泰集团股份有限公司

1 高压变流器机柜
2 高压变流器核心组件

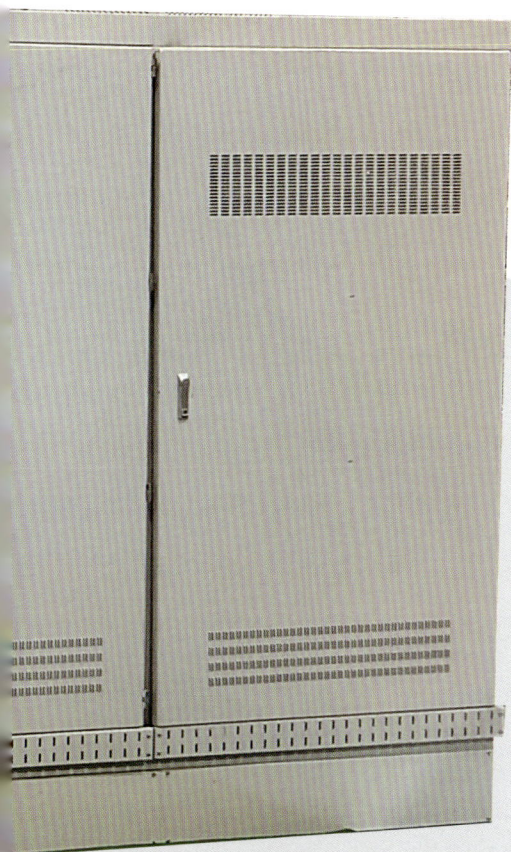

比亚迪魔方储能系统

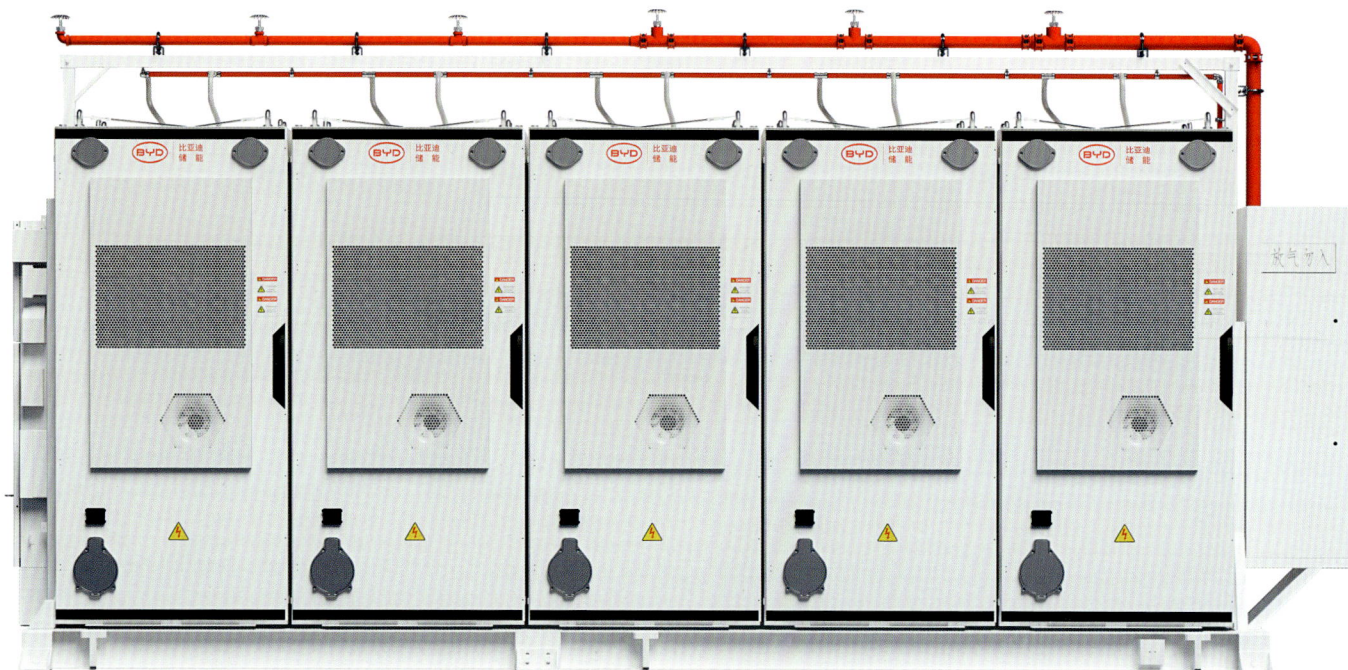

比亚迪魔方储能系统是比亚迪储能在2023年推出的新一代全场景应用储能系统，核心采用高性能磷酸铁锂电池，实现了更高的系统集成度。该系统首次创新采用CTS（电芯到系统一体化）技术、端面融合、魔刀堆叠集成技术，率先在储能行业搭载一键启动免调试、故障自诊断、智能温控交互技术。Vcts（电芯总体积占系统总体积比例）达33.3%，单柜能量达5.36兆瓦·时，"10+1"魔方可实现自由组合，能量密度等指标达到业界领先水平。电池系统采用热能温控系统，根据倍率需求配置风冷与液冷散热方案，可根据电芯发热量实时调节散热策略。2023年6月5日，湖南岳阳华容100兆瓦/200兆瓦·时储能电站成功并网。该项目是全球首个采用比亚迪魔方储能系统的大型储能项目，可在冬、夏两季发挥显著的削峰填谷、调度备用的作用，可有效减轻用电压力，为岳阳地区电力系统安全、高效、稳定运行保驾护航。比亚迪魔方储能系统可实现一体化运输和预制化安装，现场仅需接线等简单施工，调试安装时间可缩减35%。从系统出货到完成全部调试工作，再到成功并网，该系统的解决方案大大缩短了项目建设周期，创下了百兆瓦级大型储能电站的交付奇迹，开启了大规模电化学储能电站高效交付的全新篇章。

▍报送单位：比亚迪储能

1　比亚迪魔方储能系统产品正视图

2　比亚迪魔方储能系统产品场景展示

3　比亚迪魔方储能系统产品侧视图

钙钛矿光伏商用组件

昆山协鑫光电材料有限公司于2013年开始钙钛光光伏技术的实验室研究，是国内较早开展相关研究的机构。2015年，该公司建成10兆瓦级钙钛矿光伏组件（45厘米×65厘米）的中试线；2021年，建成全球首条100兆瓦钙钛矿太阳能电池与大面积钙钛矿光伏组件（1米×2米）量产线；2024年，启动建设全球首条吉瓦级钙钛矿光伏量产线建设项目，标志着钙钛矿光伏产业进入商用量产化发展阶段。钙钛矿2米^{2}单层结构与2米^{2}钙钛矿晶硅叠层结构组件是目前全球范围内尺寸最大、转化效率最高的新型钙钛矿单层技术组件、区别于传统晶硅产品，可广泛应用于新能源汽车玻璃、建筑外立面材料、电子类产品。该结构具有稳定性高，外形美观、轻薄透光、转化效率高等优势特点，是未来全球高性能光伏产品的主流技术路线。产品组件制造环节较传统晶硅综合碳减排降低90%以上，理论转化效率上限可达40%以上。钙钛矿单结与叠层组件的生产环节减少了开采、粉碎、提炼等工业污染环节，综合碳减排降低90%以上；转化效能提升60%以上。

报送单位：昆山协鑫光电材料有限公司

1 | 2 | 3

1 钙钛矿分层解析
2 钙钛矿单结光伏组件
3 2米^{2}钙钛矿叠层光伏组件（中）、钙钛矿单结组件（右）

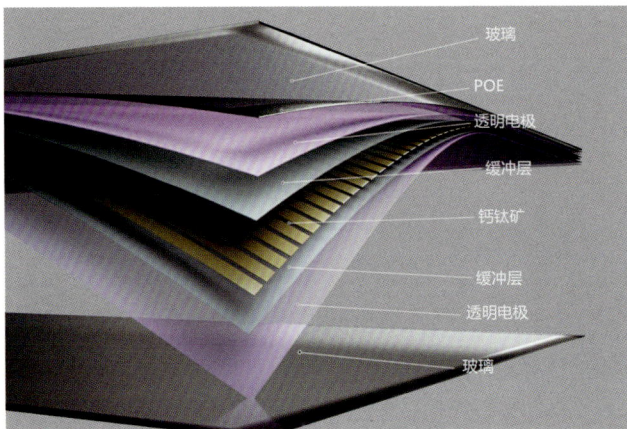

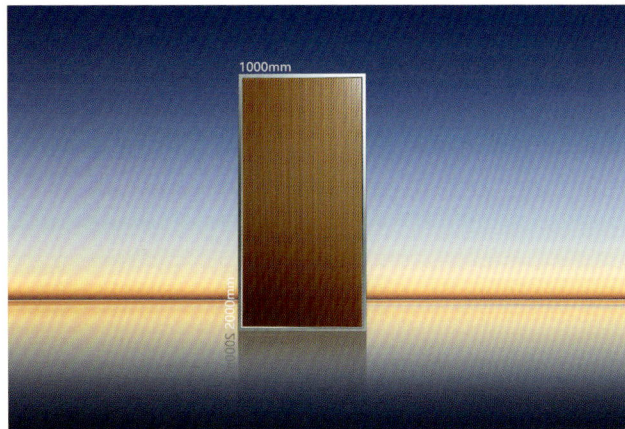